人文与数学

——纯粹数学的世外桃源

卓春英　王国栋　孙文鑫　著

WUHAN UNIVERSITY PRESS
武汉大学出版社

图书在版编目(CIP)数据

人文与数学:纯粹数学的世外桃源/卓春英,王国栋,孙文鑫著.
—武汉:武汉大学出版社,2018.2
　　ISBN 978-7-307-19835-7

　　Ⅰ.人…　　Ⅱ.①卓…　②王…　③孙…　　Ⅲ.数学教学—教学研究
Ⅳ.O1-4

中国版本图书馆 CIP 数据核字(2017)第 276563 号

责任编辑:刘小娟　　　责任校对:周卫思　　　装帧设计:吴　极

出版发行: **武汉大学出版社**　　(430072　武昌　珞珈山)
　　　　　(电子邮件:whu_publish@163.com　网址:www.stmpress.cn)
印刷:北京虎彩文化传播有限公司
开本:720×1000　　1/16　　印张:7　　字数:127 千字
版次:2018 年 2 月第 1 版　　2018 年 2 月第 1 次印刷
ISBN 978-7-307-19835-7　　　定价:30.00 元

序

　　数学是一门人文性很强的学科。数学来源于生活,更需要运用于生活、服务于生活,也需要人文的关怀、人性的张扬。人文的数学是生活化的展现,是情感化的演绎,是人性化的尊重。前苏联数学家巴班斯基说:"数学包含识记、理解、掌握、运用等各个层次,而且还应该有非认知领域的目标。"所谓非认知领域,即源于数学而超越数学的东西,如数学精神、数学理念、数学习惯等。

　　长期以来,数学教育的目的仅仅是弘扬科学精神,很少提及人文精神的发展,从而导致数学教育过程中人文精神的进一步失落和遮蔽。事实上,造成数学和人文的分离乃至冲突,原因并不在于数学本身。我们倡导的应该是包括人文精神教育在内的完整的数学教育。

　　本书的编写以数学知识为载体,努力去展示数学丰富的人文内涵,以数学思想、数学精神为主线,以数学人物、数学故事、数学问题、数学史、数学之谜为题材,以生动而不失深度的叙述,把读者带入数学与人文交相辉映的学习之中,具有一定的教育性、科学性、趣味性、艺术性等。本书内容上通俗易懂,形式上喜闻乐见,易于传播,易于接受。

　　本书使读者更深刻地了解数学的人文性,提高读者对数学的兴趣,促进读者的个性发展,提升读者的人文素养,通过榜样的力量帮助读者树立正确的价值观。

　　本书共6个篇章,第1篇感悟数学——融合篇,由重庆水利电力职业技术学院卓春英著;第2篇数学之韵——美、乐、诗、画篇,第3篇数学的起源与发展——数学形成篇,由黑龙江农垦科技职业学院刘云龙著;第4篇数学大观园——魅力篇,由重庆水利电力职业技术学院王国栋著;第5篇"第六感"带来的困惑——数学之谜篇,由重庆水利电力职业技术学院孙文鑫著;第6篇科学的领军人物——榜样篇,由刘云龙著。

本书编写仓促,有不尽如人意的地方,敬请各位读者见谅。

著 者
2017 年 11 月

目　　录

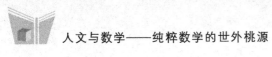

1 感悟数学——融合篇

1.1 人文科学与自然科学

人文是人类文化中的先进部分和核心部分,即先进的价值观及规范。其集中体现是,重视人,尊重人,关心人,爱护人。简而言之,人文,即重视人的文化。人文,是一个动态的概念。《辞海》中这样写道:"人文指人类社会的各种文化现象。"文化是人类或者一个民族、一个人群共同具有的符号、价值观及规范。符号是文化的基础,价值观是文化的核心,而规范,包括习惯规范、道德规范和法律规范则是文化的主要内容。人文是指人类文化中先进的、科学的、优秀的、健康的部分。

人文,从广义上来讲,泛指文化;从狭义上来讲,专指哲学,特别是美学范畴。

人文,作为人类文化的一种基因、一种朴素的习惯和意识,古已有之,无论是西方还是东方,无论是中国还是外国。但是,人文作为一种社会潮流、一种普遍的文化,即更多的人、更大的人群共同具有且更为稳定的价值观及规范,则始于我国春秋时期。近代以来,人类社会发生了一系列的深刻变化。首先是人文革命——文艺复兴,科学革命——近代科学的诞生,并诞生两大观念:人文观念——尊重人,科学观念——尊重规律。紧接着是工业革命,工业革命又经历了蒸汽机时代、电气时代和电子时代等三个阶段。人类社会发生了翻天覆地的变化[①]。糟糕的是,我们往往把世界的一系列伟大变革,人类的许多共同文明成果,特别是人文思想、人文精神的伟大成果,误认为是资产阶级的或资本主义

---

① 李学勤.重写学术史.石家庄:河北教育出版社,2002.

的,长期加以否定、拒绝和抵制,极大地增加了我们转变过程中的阻力,也给我们民族的历史进程造成了许多空白和断层。更遗憾的是,这些误解、空白和断层长期内化在我们的教育之中,使我们的教育常常处于尴尬的境地,进而增加了我们理解现代社会文明进程的难度。

20世纪,又发生一场新的革命:信息化、知识化、民主化、全球化。人在社会中的地位以及社会本身都在发生根本的改变。人从过去的工具人、经济人,发展到现代的社会人、文化人,人的价值得到充分承认,人与人的相互交流与认同得到更好的实现,自信、平等和价值感等现代国民素质得到更广泛的提升。

而人文科学和自然科学是科学体系的两大支柱,是人们认知、维护、改善人文环境和自然环境的工具。人文科学是指以人的社会存在为研究对象,以揭示人类社会的本质、人类的生存价值、人类权益和发展规律为目的的科学,是哲学中的主观意识形态,带有预见性和主观能动性。人文科学与自然科学的融合辩证关系,是指人文环境的改善,会影响人们对科学的重视,自然科学也会提升;居住环境的改善、人们素质的提高,自然会使人们开始接受新事物,重视科技的发展。

自然科学涵盖了许多领域的研究,自然科学通常试着解释世界是依照自然程序而运作,而非经由神性的方式。它是遵守科学方法的一个学科。自然科学是研究无机自然界和包括人的生物属性在内的有机自然界的各门科学的总称。研究的对象是整个自然界,即自然界物质的各种类型、状态、属性及运动形式,以揭示自然界发生的现象以及自然现象发生过程的实质,进而把握这些现象和过程的规律性。

人文科学与自然科学的融合表现在:预见新的现象和过程,为在社会实践中合理而有目的地利用自然界的规律诠释和开辟人类社会发展规律与生存的各种可能的途径。

1.1.1　人文科学

人文科学意为人性、教养,指有关人类利益的学问,以别于曾在中世纪占统治地位的神学。其含义多次演变。现代将其用作"社会科学"的别称。人文科学研究不仅仅是一种真理性探索,更代表了一定的价值观和社会集团的利益。人文科学对社会实践的依赖,具体体现为社会实践对人文科学的促进和制约两个方面。

人文科学是探讨人文科学的起源与现代发展的关系,是对人文科学的对象与方法观等进行系统研究的科学。人文科学教育要求在教学中维护和发展关于人类权益的崇高目的,关注和思考其中的问题和价值,追问和寻找符合人类权益崇高目的的表达艺术和表达技巧,培养和促使个人成熟为全面发展的公民①。

1.1.2 自然科学

"自然科学"一词也是用来定义"科学"。自然科学的根本目的在于发现自然现象背后的规律。但是目前自然科学的工作尚不包括研究这些规律为什么存在以及它们为什么是现在的样子(人们常讲,这些现象是科学无法解释的,因为目前还不是自然科学研究的内容)。自然科学认为超自然的、随意的和自相矛盾的现象是不存在的,这点就有别于人文科学。自然科学的最重要的两个支柱是观察和逻辑推理。由对自然的观察和逻辑推理,自然科学可以推理出大自然中的规律。假如观察的现象与规律的预言不同,这是人文科学与自然科学结合的现象,那么要么是观察角度不同,要么是以往被认为是正确的规律是错误的,如哥白尼的"日心说"与宗教"地心说",超自然因素是不存在的。按照传统用法,近来"自然科学"一词有时被以更贴近它日常的意思方式来使用。在这个意义下,自然科学可被理解为生物科学(涉及生物学程序),并以区别物理科学(涉及宇宙的物理及化学法则)及化学科学。

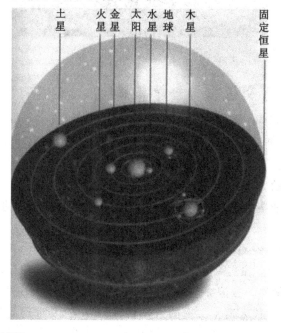

---

① 摘自曾少波"人文科学概论教学大纲"。

自然科学是研究自然界的物质形态、结构、性质和运动规律的科学。它包括数学、物理学、化学、生物学等基础科学和天文学、气象学、农学、医学、材料学等实用科学,是人类改造自然的实践经验即生产斗争经验的总结。它的发展取决于生产的发展。

1.1.3　人文精神与科学精神

　　(1)人文,作为一种独特的精神现象,是万物的尺度,是人类智慧与精神的载体,是人类所特有的且为人而存在的人类有史以来不可分割的有机组成部分,它在人类的世代繁衍传承中一直占据着优先的地位。可以说,一部浩瀚而无法穷尽的人文史,就是一部人类不断地"认识自己"的心灵历程的形象化的历史。正如英国著名美学家科林伍德指出:"没有艺术的历史,只有人的历史。"

　　从历史来看,人文精神的发展经历了三个阶段,表现为三种形态。一是古代的人文精神,这主要是一种注重人的文化教养的精神,即重视人文学科教育意义上的人文精神。二是文艺复兴以来与中世纪神学和宗教异化相抗衡的人文主义精神,即近代人道主义上的人文精神。三是19世纪后期以来凸显个人在情感和意志方面自由发展之要求的人文哲学思潮,这是一种注重生活艺术化与审美化的人文精神。

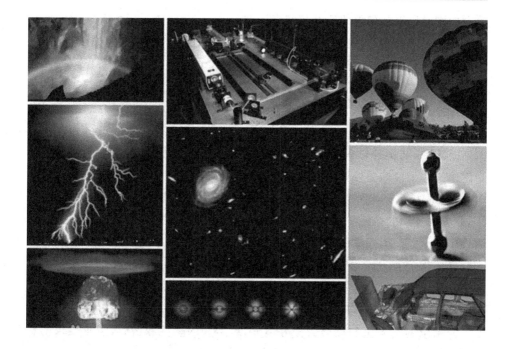

古希腊罗马时代的人文精神,是与当时的社会制度尤其是社会政治制度紧密联系在一起的。教育的目的是按照当时社会的标准来塑造有教养的人、多才多艺的人。人文教育在古希腊称作"paide",这个词包含了"人性"与"教化"的双重意蕴。公元前1世纪的古罗马哲学家和教育家西塞罗(公元前106—前43年)提出 humanitas 学说,既有"人性"的意蕴,又与"教化"一词通用。古希腊罗马的教育,贯彻和体现着希腊罗马哲人的人文理念,即培养体、智、美、德全面而和谐发展的合格公民。

古代中国作为礼仪文明之邦,对于"人文"有着独特的理解。所谓"人文化成",就是对平民推行道德教化,这是"圣王"的品格和圣贤的使命。《尚书·尧典》称赞唐尧为"文思安安",《舜典》赞美虞舜为"容哲文明",《大禹》称誉夏禹为"文命敷于四海",都是赞美上古三代的帝王善于推行道德教化,而以之为道德上的"黄金时代"。《易传》云:"观乎天文,以察时变;观乎人文,以化成天下",古人认为"天文"中蕴藏着王朝兴衰的秘密,而"人文"则关系社会秩序的稳定。因此"人文化成"基本上是一个道德的概念。

在"善"的追求方面,尊重人格尊严和价值选择的主体性,肯定合理的私人利益和每个人追求幸福的权利,向往建立在"自由、平等、博爱"基础上的个体与类的一致,主张实现"最大多数人的最大幸福",是中西近代人文精神的共同特征。它们区别在于:西方启蒙者反对的是禁欲主义的宗教异化,而中国启蒙者反对的则是以纲常名教的绝对权威来压抑、扭曲人性而使人成为非人的伦理异化。以西方的眼光看中国,反对伦理异化是中国近代人文精神的民族特色;以中国的眼光看西方,反对宗教异化又是西方近代人文精神的民族特色。中西近代人文精神的道德论基础都是自然人性论。西方哲人普遍认为,避苦求乐,趋利避害,追求私人利益和个人幸福,等等,是人的自然本性,将其称之为人的"自爱心"。中国哲人的观点亦与此大致相同。

总之,人文精神以人为本,以人为对象,以人为中心,其核心内容是对人类生存意义和价值的关怀。人文精神是可以意会却难以言尽的,它的内涵是如此丰富,它的边缘难以界定。毫无疑问,它深深地植根于人自身,它是人性的升华,是人类文明的内核。人类精神生活中每一种有价值的事物,都有它的含义。人性中的真、善、美是它的主要体现。

具体表现为:对人的尊严、价值、命运的维护、追求、关切和捍卫,对全面发展的理想人格的肯定和塑造,对人类创造的文化与文明的认同、参与和高度珍视,对人类遗留下来的各种精神文化现象的高度重视。

它追求的是人生和社会的美好境界,推崇人的感性和情感,着重想象的和多样化的生活。

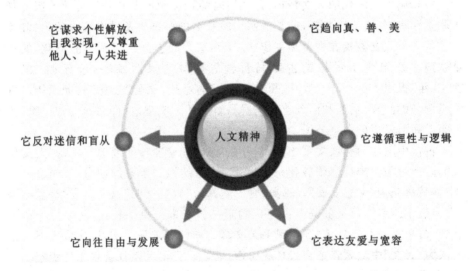

人文精神,表达着每个个人和整个人类存在于世界的意义。它趋向真、善、美;它遵循理性与逻辑;它表达友爱与宽容;它向往自由与发展;它反对迷信和盲从;它谋求个性解放、自我实现,又尊重他人、与人共进。

(2)科学是认识、追求真理的探究活动,是培养新观念、新精神的催化剂。

"科学所追求的目标或所要解决的问题是研究和认识客观世界及其规律,是求真;人文所追求的目标或所要解决的问题是满足个人和社会需要的终极关怀,是求善。"在人类社会的改造建设中,只有将二者并重,才能保证发展实践的正确取向和成功。

科学精神是人类在追求真理的过程中形成而产生的,反过来,科学精神又成为人类在追求真理过程中的科学指导。科学精神就是客观思考的理性精神、调查探寻的求实精神、实践实验的求真精神、开拓创新的进取精神、竞争协作的团队精神、挑战权威的勇敢精神和执着勤奋的献身精神。

(3)科学精神和人文精神。社会上有这样一种观点:自然科学和数学(它们不以人为研究对象)常被人们认为与人文精神毫无关系,这是一种片面而狭隘的认识,人文精神并不是孤立地在人文范畴内成长的。人文精神是人性的升华,人性是随着科学发展而一步步提升的。科学精神和人文精神是人类精神的两种不同形态,人文精神和科学精神相互依存。科学精神是独立思考,严谨规范,求真务实,开拓创新。人文精神是尊重人的情感与人格,注重人的精神生活,捍卫人的自由与尊严,追求人的发展与幸福。

科学精神和人文精神是人类文明飞升的双翼,是人类文明进步的孪生姐妹。我们应在学习科学的过程中,确立人文精神的目标,使每一个人在自身学习阶段就学会对科学技术成果进行正确选择、取舍和使用。

在这方面表现尤为突出的是一些科学家,他们的一生,在致力于科研活动的同时,处处重视人的价值,孜孜不倦地追求社会的和谐发展,如:第二次世界大战期间,为抵御法西斯的侵略,爱因斯坦劝说美国总统罗斯福抢在纳粹德国以前研制原子弹,以备不测;当研制成功以后,他又从人类的良知和社会责任感出发,反对不必要地使用原子弹。这是科学精神与人文精神完美融合的具体表现。

在 21 世纪,科学技术(科学)是桨,人文精神是舵,两者应和谐地结合在人类的文明之舟上。

大自然把人放到宇宙这个生命大会场里,让他不仅来体验全部宇宙的壮观,还积极地参加其中的竞赛,它就不是把人当作一种卑微的动物;从生命一开始,大自然就向我们人类心灵里灌注一种不可克服的永恒的爱,即对于凡是真正伟大的,比我们自己更神圣的东西的

爱。因此,整个宇宙还不够满足人的观赏和思索的要求,人往往还要游心骋思于八权之外。一个人如果把生命权视一番,看出一切事物凡是不平凡的、伟大的和优美的都巍然高耸着,他就会马上体会到我们人是为什么生在世间的。因此,仿佛是按照一种自然规律,我们所赞叹的不是小溪小涧,尽管溪涧也很明媚而且有用,而是赞叹尼罗河、多瑙河、莱茵河,尤其是海洋。

1.2 数　　学

数学有学习、学问、科学之意。古希腊学者视其为哲学之起点,"学问的基础"。在中国古代,数学叫作算术,又称算学,最后才改为数学。

数学最早源于人类早期的生产活动,早期古希腊、古巴比伦、古埃及、古印度及中国都对数学有所研究。数学是研究数量、结构、变化以及空间模型等概念的一门学科。通过抽象化和逻辑推理的运用,由计数、计算、量度和对物体形状及运动的观察中产生。数学的基本要素是:逻辑和直观、分析和推理、共性和个性。

数学是什么? 恩格斯曾说:"数学是研究现实世界中的空间形式与数量关系的一门科学。"①这说明数学的研究对象是"形"与"数"。其实,二三十年来,由于科学技术,特别是信息技术的迅猛发展,产生了"混沌""分形几何"等新的数学分支,而这些内容已经超出一般意义下"形"与"数"的范畴。不是从数学的研究对象或者从数学的内容来回答"数学是什么"这个问题,而是从外部世界,即从数学与其他学科之间的关系来说明这个问题。

数学是一种语言,一切科学的共同语言;数学是一把钥匙,一把打开科学大门的钥匙;数学是一种工具,一种思维的工具;数学是一门艺术,一门创造性艺术。

享有"近代自然科学之父"尊称的大物理学家、理学家伽利略说过:"展现在我们眼前的宇宙像一本用数学语言写成的大书,如不掌握数学符号语言,就像在黑暗的迷宫里游荡,什么也认识不清。"物理学家费格曼曾说过:"若是没有数学语言,宇宙似乎是不可描述的。"

---

① 摘自《数学与善》这篇重要的数学文献。

数学正是一门研究量的科学,它不断在总结和积累量的规律性,因而必然成为人们认识世界的有力工具。

美国数学家哈尔莫斯曾说:"数学是创造性艺术,因为数学家创造了美好的新概念;数学是创造性艺术,因为数学家像艺术家一样地生活,一样地思索;数学是创造性艺术,因为数学家这样对待它。"

如果说知识体系是数学的骨肉,那么精神、思想和方法便是它的灵魂。日本现代数学家米山国藏在他的《数学的精神、思想和方法》一书中曾讲道:"纵然是把数学知识忘记了,但数学的精神、思想、方法也会深深铭刻在头脑里,长久地活跃于日常的业务中。"

而在当今,实现科技教育的人文化,除了需要转变教育思想外,还需建立两者融合的桥梁。数学,作为科学的核心内容之一,又广泛应用于自然科学与人文科学,成了"桥梁"。数学具有以下几个主要功能:

(1)数学是最具有个体思考的特征,又是所有学科中最具有一致性、相互关联性和历史传承性的学科。它把个人和群体都高度地凸显出来,又紧密地联系起来。

(2)数学是思维的最自由的创造和理智的最严格的自律,它集主观与客观、灵性与思辨、人与自然于一身。

(3)数学本身就深入人文学科中,不只是应用,还是那些学科深刻表述的方式。数学正在成为人文学科的新的推动力。

1.2.1 数学与自然科学、人文科学完美融合

当代的新观点:数学不再是自然科学,而是独立的一门学科,它和哲学的地位相近。

中国数学学者从"文化"这一角度重新审视数学,提出新的质疑:数学不同于自然科学,它与哲学的地位相类似,是独立于自然科学之外的一门科学,是联系社会科学和自然科学的纽带。

中国学者对数学人文的教育价值体会之深,开设数学文化课的院校数量之多,数学文化教育传播之广,在世界罕见。这与具有中国特色的素质教育是密切相关的。

耐人寻味的是,与数学"人文文化"并列的,如物理、化学、生物"人文文化"并没有像数学人文文化在短短的十年里得到如此广泛的使用。

这表明,数学科学在本质上不同于其他自然科学,如物理科学、化学科学等。

以物理科学为例,物理学研究的是力学、声学、光学、热学、电学等物质和物质的运动形态。

　　数学是以哪种物质、哪种物质的运动形态为自己的研究对象呢?这个问题很难回答,数学的研究对象不是哪种具体的物质及其运动形态。数学的研究对象是从众多的物质运动形态中抽象出来的,是人脑的产物。如数学中的圆,客观世界里有太阳、有月亮、有车轮等,但是并没有数学里研究的圆,数学中研究的圆是人脑里才有的产物,在客观世界里面是根本找不到的[①]。

　　数学具有超越具体科学和普遍适用的特征,具有公共基础的地位。这当然也就使它具有广泛的应用性,特别是不同的社会现象和自然现象,在某一方面可遵循同样的数学规律,这反映出社会现象与自然现象在数量关系上的某种共性,数学超越了具体的社会科学和自然科学,也成为联系社会科学与自然科学的纽带与桥梁。

　　许多数学学者提出质疑,数学不再是自然科学,它与自然科学不在同一层面上,它是独立于自然科学和社会科学的。它与哲学的地位类似,这是我们对数学的一个新认识,还有待进一步论证。

　　本书将数学分成三大类:一类为纯粹数学,一类为应用数学,一类为文化数学。其中纯粹数学也叫基础数学,专门研究数学本身的内部规律。纯粹数学的一个显著特点就是,它可暂时撇开具体内容,以纯粹形式研究事物的数量关系和空间形式。例如,研究梯形的面积计算公式,至于它是梯形稻田的面积,还是梯形机械零件的面积,都无关紧要,大家关心的只是蕴含在这种几何图形中的数量关系。当今社会,数学被应用在很多不同的领域,包括科学、工程、医学和经济学等。数学在这些领域的应用一般被称为应用数学,有时亦会激起新的数学发现,并促成全新数学学科的发展。应用数学则着眼于说明自然现象,解决实际问题,是纯粹数学与科学技术之间的桥梁。

　　随着我国教育的变迁,素质教育观念被提出。从本质上说,素质教育是以提高全民族素质为宗旨的教育。素质教育是为实现教育方针规定的目标,着眼于受教育者群体和社会长远发展的要求,以全面提高受教育者的基本素质为根本目的,以注重开发受教育者潜能,促进受教育者德、智、体诸方面全面发展为基本特征的教育。无论哪类学校(中小学校、各类高等院校以及各类成人院校),无论哪类学科(文科学科、理工科学科),无论哪门课程(思想政治、语文、英

---

　　① 摘自顾沛教授"数学文化"精品视频公开课。

语、物理、数学课程），都要贯穿素质教育。

而从事数学教育的学者，从我国的国情出发，分支出文化数学，它大体分为数学文化、数学与文化、数学的美、人文数学等，这些名词的出现时间并不长，还没有被《新华词典》所收录。从狭义上讲，文化数学以数学的思想、精神、方法、观点、语言，以及它们的形成和发展为主要研究内容；从广义上讲，除上述内涵外，文化数学还包含数学家、数学史、数学美、数学教育、数学发展中的人文成分、数学与社会的联系、数学与各种文化的关系，等等。它的目的是：不是以数学学科的具体知识的简本形式来传授数学，而是以数学知识为载体，努力去展示数学丰富的人文内涵，以数学思想和数学精神为主线，通过数学故事、数学人物、数学问题、数学方法、数学应用、数学史与数学之谜等丰富而又多彩的资料，用生动而又不失深度的讲述，把受教育者带入动人的数学与人文学科交相辉映的学习中。

1.2.2　数学教育的新定位

数学教育的新定位：培养有健全的人格与精神的人。要使人有丰富的情感、明澈的智慧、全面的素养，有体魄、有知识、有才能；有自信、有自爱、有自尊；有对他人、对社会、对自然的关爱；有欣赏美、感悟美的心灵；有开拓新生活的勇气与能力，等等。

当我们不再只从技术与工具的角度看数学，就处处可以发现它的人文思想与意义。数学与人文科学都会同时改变它们的形象，使我们看到一个更完整、更美妙的世界。

数学不仅是一种重要的工具，也是一种思维模式——数学方式的理性思维；数学不仅是一门科学，也是一种文化——数学文化；数学不仅是一些知识，也是一种素质——数学素质。

在提高一个人的推理能力、抽象能力、分析能力和创造能力方面，数学训练的作用，是其他训练难以替代的。[1]

那么什么是数学素养？

数学素养如下表所示：[2]

---

[1]　摘自南开大学顾沛教授主讲的"数学文化"课。

[2]　表中"专业说法"摘自教育部高等学校数学与统计学教学指导委员会"数学学科专业发展战略研究报告"。

通俗说法	专业说法
1.从数学角度看问题的素养	1.主动探寻并善于抓住数学问题的背景和本质的素养
2.有条理地理性思维,严密地思考、求证,简明、清晰、准确地表达的素养	2.熟练地用准确、简明、规范的数学语言表达自己数学思想的素养
3.在解决问题时,总结工作时,逻辑推理的意识和能力的素养	3.具有良好的学习态度和创新精神,合理地提出新思想、新概念、新方法的素养
4.对所从事的工作,合理地量化和简化,周到的运筹帷幄等素养	4.对各种问题以"数学方式"的理性思维,从多角度探寻解决问题的方法的素养
	5.善于对现实世界中的现象和过程进行合理的简化和量化,建立数学模型的素养

比如,从数学角度看问题;有条理地理性思维,严密地思考、求证,简洁、清晰地表达;在解决问题时,在总结工作时,逻辑推理的意识和能力;对所从事的工作,合理的量化和简化,周到的运筹帷幄,等等,这些是终身受益的数学素养。一个人的数学素养不同,他的工作效率也会显著不同。

社会也越来越重视人的数学素养,一些企业招聘员工时,很注重员工的数学素养。

【案例1】 两人100m赛跑,甲到100m终点线时,乙才跑到90m,现让甲的起跑线退后10m,这时两人再同时起跑比赛,问:比赛结果怎样? 为什么?

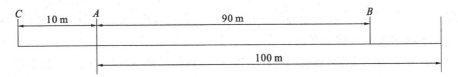

【答案】 比赛结果还是甲赢。

【解析】 当甲再次跑完100m时,乙还是跑了90m,这时,甲、乙都到达90m,即B点处。这时甲、乙都在90m起点处同时起跑,即在余下的10m路程中,由于甲的速度比乙快,因此还是甲先到终点。

【案例2】 有三个筐,一筐装橘子,一筐装苹果,一筐混装橘子和苹果,装满后封好。然后制作三个相应的标签,分别贴在这三个筐上,由于马虎,结果全都贴错了。请想一个办法,只许从某一个筐中取出一个水果查看,就能够纠正所有的标签。怎么选?

【答案】 应选择贴有混装的筐取出一个水果即可纠正错误的贴法。

【解析】 题中讲三个筐的标签都贴错了,若从贴混装的筐中取出的是苹果,那么这筐装的就是苹果,而贴有苹果的筐装的就是橘子,贴有橘子标签的筐就是混装。

2 数学之韵——美、乐、诗、画篇

2.1 数学之美

人们也常在思考,数学与美好似无法相提并论,数学属理智与精神,而美属体会与感受。

但美较深刻的含义是:不仅仅是感觉和感官带来的美,还有心灵之美、精神之美,而数学的美就是后一种美——精神之美。美是数学研究的一种很高的境界。数学的研究不仅要是真的,而且要是美的。

数学家和文学家、艺术家在思维方法上是共同的,都需要抽象,也都需要想象和幻想。"美"是艺术家所追求的一种境界。其实,"美"也是数学中公认的一种评价标准。数学家魏尔曾说过:"我的工作总是试图把真和美统一起来,但当我不得不在两者中选择其一时,我总是选择美。"当数学家创造了一种简便的方法,做出一种简化的证明,找到一种新的应用时,就会在内心深处获得一种美的享受。数学中的"美"是和谐的、对称的、简洁的。

数学家创造的概念、公理、定理、公式、法则如同所有的艺术形式如诗歌、音乐、绘画、雕塑、戏剧、电影一样,可以使人动情陶醉,并从中获得美的享受。

古希腊欧几里得在《几何原本》所建立的几何体系,堪称"雄伟的建筑""庄严的结构""巍峨的阶梯"。数学中优美的公式就如但丁神曲中的诗句,黎曼几何学与肖邦的钢琴曲一样优美。当你读到某函数可演变为无穷级数形式时,你会顿时坠入一种人与天地并立的浩然之气的遐想中。当你面对圆周率$\pi=3.141592653\cdots$时,你不会有任何感觉,但当你知道这个数可以表示一切你所见到的、未见到的,小至芝麻,大至一个星球之圆形的周长与直径之比值时,你会为之震撼!无穷级数的和谐性和对称性就具有一种崇高美。

数学的美不仅在于它的无穷无尽的奥秘,它的美是望而不尽的。数学研究得愈深入,就会发现更多的数学问题、哲学问题、美学问题,甚至陌生难解的人生问题。这些发现使人困惑,令人发奋,促人深思。这样,数学成为科学中最迷人、最有吸引力的学科。数学家从不懈的思考中感到无比的欢乐,思考是他们最大的享受。雪莱有诗说:"美好事物是一种永久享受。"当很多人对数学敬而远之的时候,数学家却正在数学的美景中流连忘返,痴迷陶醉。数学之美的力量之所以这样强大,是因为它击打人类的想象,挑战人类的智慧,它是心灵的思索,是永恒的创造。

霓虹之美、色彩之美也被赋予了数学,也做了数学解析,因此人类可以造霓虹,使用电脑绘画。数学进而把声音、色彩与影像结合在一起,以能保存和复制的数码方式给人类提供无穷无尽多媒体的美的享受。数学家打破了美与真的界线,也打破了情感与理智的界线,把它们紧紧地结合在一起。人类通过数学确立了可理解的东西、可感受的美之间的内在联系。

数学的美正像雕刻的美,是一种冷峻而严肃的美,这种"冷峻而严肃的美"来源于它的简洁中的深刻、抽象中的广阔、统一中的和谐。正如下面这幅画。这是一幅雕刻画,它的美冷峻而严肃。

数学追求的目标,是从混沌中找出秩序,从经验升华为规律,从复杂还原为基本,从表象进入本质。

数学的美是以理智与逻辑为依托,这种美更具有精神性,更具特色,是至高无上的美。

当你对数学所揭示的自然规律浮想联翩时,当你对数学本身的简洁与和谐回味无穷时,当你对数学家们的成就拍案叫绝时,当你对复杂深奥的数学问题豁然开朗时,你的内心会有说不出的惊奇、喜悦和陶醉,你也就领悟了数学的魅力。数学魅力如此之大,以致能激发一代又一代的数学家们为之奋斗终生。

数学有抽象美,在三维的空间中,人们研究了三维立体图的魅力;数学家则抽象出无穷维空间,既概括了真实空间的本质,又扩展到更广的领域。数学家又像"精骛八极,心游万仞"的仙人。数学好像总是俯瞰着这个世界,任何表象与装饰都挡不住它看穿本质的锐眼。它冷峻、深邃、纯净而崇高。

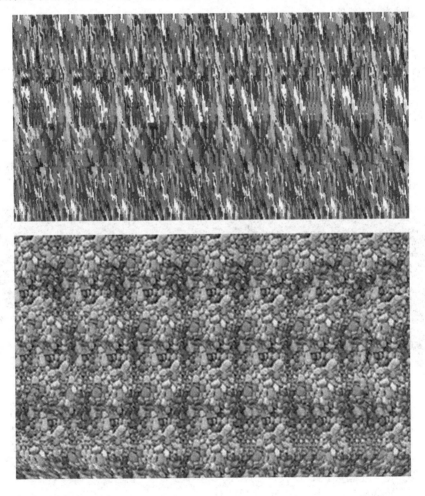

三维立体图片欣赏,主要有如下三种。

(1)放松你的眼睛,模糊地看着屏幕——就好比虽然看着一件东西,但脑子里却在想别的事情(发呆、发愣、回忆或做白日梦)。这样,起初在上面的样板画下面你可以看到 4 个黑点,慢慢地调整你眼睛的松弛度,4 个点会渐渐变成 3 个,此时,保持松弛,缓缓地将眼光上移至图片全局,你就可以看到神奇的三维效果了。

(2)先看着屏幕上反射自己的影像,然后缓缓地将视觉注意力转向图片,但注意眼球不要转动,不要盯着图片中的细节看,而是模糊地看着图片的全貌……

(3)先将你的脸贴近屏幕并且眼光好像穿过屏幕,然后缓缓地拉开距离,不要使眼睛在图片上聚焦,但又要保持你的视线,边拉开边放松视觉,直到三维效果显现出来。

图中分别隐含两幅图片:字母 IVU;一个动物猪的图片。如此,数学的美如诗如画。

2.2 数学之乐

音乐反映的是人类生活情感的一种艺术,是较抽象的一门艺术,它是用音符构成的听觉意象,用来表达人类的情感与现实生活的一种艺术形式。广泛应用的数学,属于比较抽象的科学,它早已从一门计数的学问变成一门形式符号体系的学问。符号的使用使数学具有高度的抽象与美的和谐。而音乐则是研究现实世界音响形式及对其控制的艺术,它巧妙地运用了符号。数学给人留下的印象是单调、枯燥、严谨、冷酷,而音乐则是丰富、热情洋溢,充溢感情色彩与浪漫幻想。从表面上看,音乐与数学是"绝缘"的。可实质是,正如德国著名哲学家、数学家莱布尼茨曾说过的:"音乐,就它的基础来说,是数学的;就它的出现来说,是直觉的。"伟大的爱因斯坦说过:"我们这个世界可以由音乐的音符组成也可以由数学公式组成。"数学是以数字为基本符号的排列组合,它是对事物在量上的抽象,并通过种种公式,揭示出客观世界的内在规律;而音乐是以音符为基本符号加以排列组合,它是对自然音响的抽象,并通过联系着这些符号的文法对它们进行组织安排,概括我们主观世界的各种活动,正是在抽象这一点上将音乐与数学连接在一起,它们都是通过有限去反映和把握无限。

对于数学与音乐之间的关系,还有一个小故事:

在 2000 多年前,古希腊哲学家毕达哥拉斯外出散步,当他经过一家铁匠铺时,听到从里面传出的打铁声,要比别的铁匠铺传出的打铁声更加协调、悦耳。于是他走进铺子,量了量铁锤和铁砧的大小,又去其他的铁匠铺量了量铁锤和铁砧的大小,经过对比,他发现一个规律,音响的和谐与发声体体积的一定比例有关。之后,他又在琴弦上做试验,进一步发现只要按比例划分一根振动着的弦,就可以产生悦耳的音质:如 1:2 产生八度,2:3 产生五度,3:4 产生四度,等等。就这样,毕达哥拉斯是世界上第一位发现音乐和数学联系的人。接着他发现声音的音质差别(如长短、高低、轻重等)都是由发音体数量方面的差别决定的。基于这些测量与数学分析,毕达哥拉斯学派定出了音律。这些数学分析在后来进一步深入,对歌唱家的发音、乐曲的创作、乐器的制造,都产生了深刻的影响。

千百年来,国外尤其在西方,研究音乐和数学的关系一直是一个热门的课题,从古希腊毕达哥拉斯学派到现代的宇宙学家和计算机学家,都或多或少接受"整个宇宙即是和声和数"的观念。开普勒、伽利略、欧拉、傅立叶、哈代等科学家都潜心研究过音乐与数学的关系。圣·奥古斯汀(古罗马帝国时期基督教思想家,欧洲中世纪基督教神学、教父哲学的重要代表人物)讲过一句名言:"数学还可以把世界转化为和我们心灵相通的音乐。"现代作曲家巴托克、勋伯格、凯奇等人都对音乐与数学的结合进行大胆的实验。希腊作曲家克赛纳基斯创立"算法音乐",以数学方法代替音乐思维,创作过程也即演算过程,作品名称类似数学公式,如《S+/10-1.080262》为10件乐器而作,是1962年2月8日算出来的。马卡黑尔发展了施托克豪森的"图表音乐"(读和看的音乐)的思想,以几何图形的轮转方式作出"几何音乐"。

　　国内,在音乐和数学的关系方面研究的学者也很多,例如,《从泛音的发现到傅立叶级数理论的建立》——贾随军、贾小勇、李保臻发表于《自然辩证法研究》;《试说数学与音乐的联系》——熊卫、宋乾坤、刘德金发表于《自贡师范高等专科学校学报》;《数学与音乐的和谐统一》——王永建发表于《初中生世界》;《数学与音乐》——刘卫锋、王尚志发表于《数学通报》;《浅谈如何将音乐融入幼儿园数学活动》——黄茜发表于《中国校外教育》;《论音乐中的数学理性》——檀伯才发表于《艺术百家》;《探索数学对音乐的影响》——王汝哲发表于《美与时代》;《从数学和音乐的关系看中西方思维模式的差别》——沈忠环发表于《湖北成人教育学院学报》;《数学和乐器》——紫竹发表于《乐器》,等等。

　　数学和音乐位于人类精神世界的两个极端,而人类在科学和艺术领域中所创造出来的一切都遍布在两者之间。音乐和数学正是抽象王国中盛开的两朵瑰丽之花。被称为数论之祖的古希腊哲学家、数学家毕达哥拉斯曾说:"音乐之所以神圣而崇高,就是因为它反映出作为宇宙本质的数的关系。"数学正如音乐及其他艺术一样能唤起人们的审美感觉和审美情操。

　　数之美也蕴含于音乐艺术之中,验证了莱布尼茨的名言:"音乐是数学在灵魂中无意识的运算。"古今中外的音乐虽然千姿百态,但都是由7个音符(音名)组成的,数字1~7在音乐中是神奇数字。数学分析中的某些数列广泛地应用于音乐之中,如等比数列1、2、4、8、16、32用于音符时值分类及音乐曲式结构中;菲波那契数列用于黄金分割及乐曲高潮设计中。

2.3 数学之诗

2.3.1 数之词

《孙子算经》是我国南北朝算术著作,"算经十书"之一。书中有一个闻名世界的数学问题,这个问题也称为"孙子问题"。这个问题写成了如下的诗歌:

> 有物不知其数,
> 三三数之剩二,
> 五五数之剩三,
> 七七数之剩二,
> 试问有物几何?

此题解法只给出三种:

解法一:原《孙子算经》中的解:三三数之,取数七十,与余数二相乘;五五数之,取数二十一,与余数三相乘;七七数之,取数十五,与余数二相乘。将诸乘积相加,然后减去一百零五的倍数。列成算式就是 $N=70\times2+21\times3+15\times2-2\times105=23$。

这里 105 是模数 3、5、7 的最小公倍数,容易看出,《孙子算经》给出的是符合条件的最小正整数。这里会问:数 70,21,15 是怎么来的?(本书注:在现代数论剩余定理中可以找到答案。)

解法二:用除数、被除数、商、余数之间的关系得到的解:

设这些物总共为 x 个,

三三数之剩二:得到表达式,$x\div3=n\cdots2,x=3n+2$,其中 $n=1,2,3,\cdots$

得到这些物可能有:$\{5,8,11,14,17,20,23,26,29,32,35,\cdots\}$

五五数之剩三:$x=5n+3$,其中 $n=1,2,3,\cdots$

得到这些物可能有:$\{8,13,18,23,28,33,38,\cdots\}$

七七数之剩二:$x=7n+2$,其中 $n=1,2,3,\cdots$

得到这些物可能有:$\{9,16,23,30,37,44,\cdots\}$

可知 x 需满足上述三个表达式,即物品的个数取三个集合中的交集 $\{23,\cdots\}$,其中 23 是这个集合中的最小正整数。

解法三:用素数性质(华罗庚)的算法:三三数之剩二,七七数之剩二,其中 3,7 都是素数(除被 1 和它本身整除,不能被任何数整除),那么这个数被 21 整除也要余 2,因此这个数是 21+2=23。将 23 用 5 除,恰好余 3。所以这个数一定是 23。

2.3.2　极品诗篇中的"数"

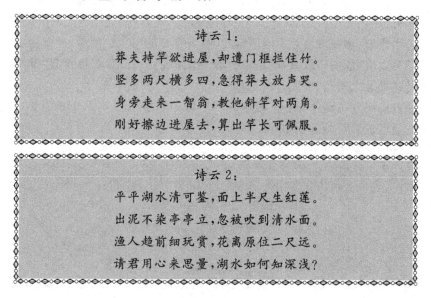

诗云 1:

莽夫持竿欲进屋,却遭门框拦住竹。

竖多两尺横多四,急得莽夫放声哭。

身旁走来一智翁,教他斜竿对两角。

刚好擦边进屋去,算出竿长可佩服。

诗云 2:

平平湖水清可鉴,面上半尺生红莲。

出泥不染亭亭立,忽被吹到清水面。

渔人趋前细玩赏,花离原位二尺远。

请君用心来思量,湖水如何知深浅?

【注释】　这两首诗中都体现数学的勾股定理的知识。诗云 2 中图解为:

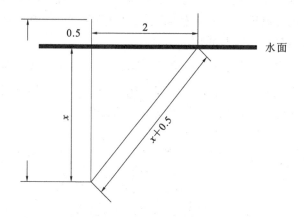

诗云3：

归来一只又一只，三四五六七八只。

凤凰何少鸟何多，啄尽人间千万石。

【注释】 该诗中隐含的数学运算如下。按诗中把数字排出来：1,1；1+1=2。3,4；3×4=12。5,6；5×6=30。7,8；7×8=56。总和为：2+12+30+56=100。

诗中寓意：感叹官场之中廉洁奉公、洁身自好的"凤凰"太少，而贪污腐化的"害鸟"则太多，他们巧取豪夺，把百姓赖以活命的千石、万石粮食都"啄尽"，揭露了封建社会之黑暗、腐败，贪官如禽。

这首诗中也蕴涵这样一道数学题："用诗中数字1,1,3,4,5,6,7,8这些数加上合适的运算符号等于100"。

具体的运算为：$1+1+3×4+5×6+7×8=100$。

诗云4：

平地秋千未起，踏板一尺离地。

送行二步与人齐，五尺人高曾记。

仕女佳人争蹴，终朝笑语欢嬉。

良工高士素好奇，算出索长有几？

以上为明代商人珠算大师程大位的诗。

注：古时1步=5尺。

【注释】 秋千静挂时，踏板离地的高度是1尺。现在晃出两步的距离，有人记录踏板离地的高度为5尺。仕女佳人争着荡秋千，一整天都欢声笑语；工匠师傅们好奇的是秋千绳索的长度。

诗中蕴涵的数学题是：可计算得秋千荡出来的扇形的弦长为 $\sqrt{100+16}=2\sqrt{29}$，从圆心作弦的垂线，由弦切角等于圆心角的一半可知，所得的直角三角形与弦切角所在的三角形相似，由对应线段的比例关系可求得半径（即绳索长度）为 $L=R=14.5$ 尺，即绳长为14.5尺。

诗云5：

两个黄鹂鸣翠柳，一行白鹭上青天。

窗含西岭千秋雪，门泊东吴万里船。

——杜甫《绝句》

【注释】 这首诗描写自然美景，透出一种清新轻松的情调氛围。前两句，以"黄"衬"翠"，以"白"衬"青"，色彩鲜明，更衬托出早春生机初发的气息。首句写黄鹂居柳上而鸣，与下句写白鹭飞翔上天，空间开阔了不少，由下而上，由近而远。"窗含西岭千秋雪"上两句已点明，当时正是早春之际，冬季的秋雪欲融未融，这就给读者一种湿润的感受。末句更进一步写出了杜甫当时的复杂心情——说船来自"东吴"，此句表战乱平定，交通恢复，诗人睹物生情，想念故乡。

在这笔锋一转，让我们浮想神游一下：诗中第一句"两个"黄鹂鸣翠柳中，是否问出为什么不是"一个"或"三个"黄鹂鸣翠柳？我们来看如果用"一"描绘出的画面是孤独、凄惨之景，用"三"画面会吵或隐意不和谐。而作者选用"两"有和谐、成双成对之意，雌雄在早春翠柳之上鸣出的一定是优雅和谐的旋律，生机勃勃，有着对未来展望的画面。诗中第二句"一行"白鹭上青天中，是否会问出为什么是"一行"，而不是"两行""三行"呢？这里用"一行"代表秩序井然，将团结、协作、凝聚力、向上的团队精神表现得淋漓尽致。而"二行""三行"是无法表达出来的。

> 千山鸟飞绝，万径人踪灭。
>
> 孤舟蓑笠翁，独钓寒江雪。
>
> ——柳宗元《江雪》

【注释】 柳宗元这首五言绝句自来受人推崇，后世许多山水画家也都就此取材造境，它创造了峻洁、清冷的艺术境界。单就诗的字面来看，"孤舟蓑笠翁"一句似乎是作者描绘的重心，占据了画面的主体地位。这位渔翁身披蓑笠独自坐在小舟上垂纶长钓。"孤"与"独"二字已经显示出他的远离尘世，甚至揭示出他清高脱俗、兀傲不群的个性特征。作者所要表现的主题于此已然透出，但是作者还嫌意兴不足，又通过数字"千""万"营造了几近不能"呼吸"的画面，为渔翁精心创造了一个广袤无垠、万籁俱寂的艺术背景：远处峰峦耸立，"万"径纵横，然而山无鸟飞，径无人踪。往日沸腾喧闹、处处生机盎然的自然界为何这般死寂呢？一场大雪纷纷扬扬，覆盖了"千"山，遮蔽了万径。鸟不飞，人不行。冰雪送来的寒冷制造了一个白皑皑、冷清清的世界。

这幅背景强有力地衬托着渔翁孤独单薄的身影。此时此刻，他的心境该是多么幽冷、孤寒呀！这里作者通过数字"千""万"，"孤"与"独"淡笔轻涂，只数语便点染出峻洁、清冷的抒情气氛。其笔触所到，连亘天地，高及峰巅，下及江水，咫尺之幅，涵盖万里。

> 春种一粒粟,秋收万颗子。
>
> 四海无闲田,农夫犹饿死!
>
> ——李绅《悯农》

【注释】 　这是一首揭露社会不公、同情农民疾苦的诗,着重写旧社会农民所受的疾苦。

第一、二句"春种一粒粟,秋收万颗子",以"春种""秋收"概述了农民的劳动。从"一粒粟"化为"万颗子",通过数字"一""万"的描述形象地写出丰收的景象。第三句"四海无闲田",通过数字"四"更加鲜明写出全国的土地都已开垦,没有一处田地闲置。此句与前两句的语意互相补充,进而展现出硕果累累、遍地金黄的丰收景象。劳动人民辛勤劳动创造出如此巨大的财富,在丰收的年头,照理该丰衣足食了吧?!谁知结句却是"农夫犹饿死"。一个"犹"字,发人深思:到底是谁剥夺了劳动成果,陷农民于死地呢?"犹饿死"三字极为深刻地揭露了社会不公,凝聚着诗人强烈的愤慨和真挚的同情。

2.3.3　民间流传的诗文之"数"

在西汉流传这样一个故事:司马相如上京赶考,临别对妻子卓文君发誓"不高车驷马,不别此过"。多情的卓文君听到后却深为忧虑,就叮嘱他:"男儿功名固然很重要,但也切勿为功名所缠,作茧自缚。"说完,司马相如便上路了,司马相如到了长安,由于在家勤奋读书,终于官拜中郎将。从此,他沉湎于声色犬马、纸醉金迷,觉得卓文君配不上他了,于是就处心积虑地想休妻。一转眼五年时间过去了。一天卓文君暗自垂泪,忽然京城来一名差官,交给她一封信,说司马相如大人吩咐,立等回书。卓文君接过信又惊又喜,拆开信一看,寥寥数语:"一、二、三、四、五、六、七、八、九、十、百、千、万。"卓文君一下子明白了,当了官的丈夫,已有休她之意。于是她回信写道:

> "一别以后,二地相悬,只说三四个月,又谁知五年六年。七弦琴无心弹,八行书无可传,九连环又从中折断,十里长亭望眼欲穿,百思想,千思念,万般无奈把郎怨。"

卓文君写罢,反复读了三遍,总觉得意犹未尽,就又把数字倒过来,继续倾诉心中的凄凉与苦恼。

> "万语千言说不完,百无聊赖十依栏,重九登高看孤雁,八月中秋月圆人不圆,七月半烧香秉烛问苍天,六伏天人人摇扇我心寒,五月石榴火红偏遭阵阵雨浇花端,四月枇杷未黄我欲对镜心意乱。急匆匆,三月桃花随水转,飘零零,二月风筝线儿断。噫!郎呀郎,巴不得下一世,你为女来我为男。"

从诗文中可以看出,几乎每一句诗都会有一个数字出现,而且依次排列,用法可谓相当巧妙,在一般人的心目中,数字,只是表示事物数量的符号,是比较单调、枯燥的。可是,到了诗人笔下,经过巧妙的构思、恰当的安排,它们就能变平淡为奇特,形成特殊的境界,产生意想不到的艺术效果。

诗中饱含卓文君对丈夫的一片深情与对丈夫的怨恨,同时带有希望挽回丈夫的愿望,可谓用心良苦!司马相如对这首用数字连成的诗一连看了好几遍,越看越感到惭愧,越想越觉得对不起这位对自己一片痴情、才华出众、有情有义的妻子。后来他终于用高车驷马,亲自登门接走"糟糠"之妻卓文君,过上了幸福美满的生活。

通过这首诗文,我们能感受到卓文君是聪明的,她用自己的智慧挽回了丈夫几度欲逃的心;卓文君也是幸福的,司马相如最终没有背弃最初的信约;而我们当然也是幸运的,能够了解到这穿越千百年的佳话,能够认识这位才华出众的女子,能够品读到她那惊世之作——《文君复书》。

2.4 数学之画

欣赏下面这幅图片,作品名为《有带子的立方体》。

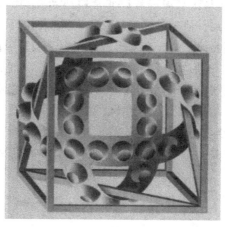

数学是打开科学大门的钥匙,数学的思辩是认识数学的工具,要熟悉数学抽象的思考、理性的论断,是每个人的境界走向深刻的必经之路。下面笔者带领读者走进感性与现实的交替、抽象与生动互换,使你拥有一个美妙、新奇、梦幻与真实的世界。在你眼前展示出数学是可以触摸的,可用感官、用心灵、用情感去触及的。

2.4.1 埃舍尔画中之数学

《有带子的立方体》是荷兰画家莫利斯·埃舍尔的作品,M.C.埃舍尔(Maurits Cornelis Escher,1898—1972),荷兰科学思维版画大师,20世纪画坛中独树一帜的艺术家。出生于荷兰吕伐登市。中学时由梵得哈根(F. W. Van der Haagen)教导美术课,奠定了他在版画方面的技巧。21岁进入哈勒姆建筑装饰艺术专科学校学习,受到老师马斯奎塔(Samuel Jesserun de Mesquita)的木刻技术训练[①]。埃舍尔以超凡的构思和想象力并结合他的绘画技巧,把许多数学思想形象地表达在他的绘画中。

1956年,埃舍尔举办了他的第一次重要的画展,这个画展得到了《时代》杂志的好评,顿时令他声名鹊起。但这还仅仅是他创作成就的一部分,许多数学家对他的作品赞不绝口,他们认为在他的作品中数学的原则和思想得到了非同寻常的形象化、生动化,给画赋予了灵性。这个荷兰的艺术家只接受过中学的数学教育,这一点尤其令人赞叹。随着他的创作的发展,他从数学的思维中获得了巨大灵感。工作中他经常直接用平面几何和射影几何的结构,这使他的作品深刻地反映了非欧几何学的精髓。他也被悖论和"不可能"的图形结构所迷住。埃舍尔的绘画围绕着数学的两个广阔的区域:"空间几何学"和"空间逻辑学"。

欣赏《有带子的立方体》这幅画,他开始利用人的视觉错觉,让他的作品在三维空间里游戏。《凸与凹》《缠绕》,以非常精巧考究的细节写实手法,生动地表达出各种荒谬的结果。他经常使用空间的逻辑特征与我们视觉的微妙关系,去展示在凹面和凸面物体上的光和阴影。当注视平版画《有带子的立方体》时,我们会发现,带子上的圆形物,一会是凸出来的,一会又是凹进去的;再观察立方体中的两条互相缠绕的带子,我们会发现一会竖带缠绕在横带外,一会竖带被横带缠绕在里面。然而,我们相信眼睛看到的,那么我们就不能相信这"带子"的客观存在性。事实上,带子上的圆形物是凸的就是凸的,不可能再是凹的。反过来是凹的就是凹的,不可能再是凸的;横带与竖带的缠绕也如此。那

---

① 张光琪.科学思维版画大师——艾雪(埃舍尔).北京:文化艺术出版社,2010.

么,我们究竟是相信带子的客观唯一性,还是相信亲眼所见的变幻不定呢? 埃舍尔巧妙地将数学里的欧氏立体几何学的一种逻辑表现出来。

埃舍尔对数学中拓扑学的视觉效果也表现出极大的兴趣,拓扑学是在他艺术创作的鼎盛期发展起来的一个数学分支。拓扑学关注空间在连续变换中依然不变的性质,这种连续变换可以是扭曲的,也可以是拉长的,可以是弯曲的,也可以是压缩,但不能是断开的,必须是连续不断的。《莫比乌斯带》将这种连续变换表现得淋漓尽致。

做一个实验:我们用剪刀把纸剪成条状,这个纸条是两个面和四条边。将蚂蚁放在这个纸条上,不让它越过四条边爬完纸条的两个面。这个实验是失败的。

如果你在莫比乌斯带上跟踪蚂蚁的路径,你将发现它们可以不越出边界就走完带子全部的面。蚂蚁永远走在同一个面上,因为这条带子本来就只有一个面。现在我们利用拓扑学空间在连续变换中依然不变的性质思维,将纸条扭曲,然后用胶水或胶带粘住两头就制成了莫比乌斯带。上面实验也就成功了。

埃舍尔还说,仅仅是几何图形是枯燥的,只要赋予它生命就其乐无穷。于是,借助规整的三角形互为背景,在二维空间和三维空间相互变换,成为他某个时期热衷的创作主题。这一主题在他的作品《自由》中也能体现出来,它是埃舍尔多幅表现变换思想的画之一。最底层是被机械地强制在一个平面上的整齐划一的三角形,在向上的伸展中慢慢地变化着。愈向上,变换愈明显。终于,平面的三角形成了自由飞翔的鸟。这是一幅寓意深长的画。不论开始是多么严酷的禁锢,只要用力向上,反抗束缚,哪怕每一次变化并不多,持之以恒,就终于可以自由地展翅飞翔![1]

下面欣赏埃舍尔传世名作《手画手》。

从画面上看,有两只都正在执笔画画的手,初看平淡无奇,可是仔细观察,就会感到充满玄妙。右手正在仔细地绘画左手的衣袖,并且很快就可以画完了。与此同时,左手也在执笔,异常仔细地描绘右手,并且正好处于快要结束的部位。可是仔细研究,就会发现这幅画的荒谬。

---

[1]　摘自《人文数学导引》。

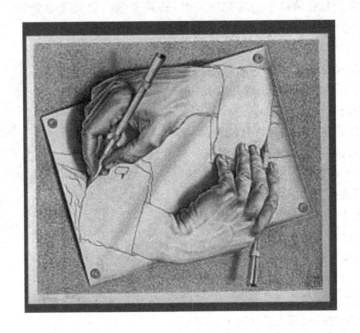

而恰恰愈是荒谬,对我们的吸引力也就愈大。太阳神阿波罗的光环固然诱人,可是埃舍尔那种荒谬透顶的完美则更值得推崇。《手画手》的画面戛然而止,把无限的疑惑留给我们,究竟是左手画右手,还是右手画左手,我们无论怎么看,都无法分辨清楚。这两只手都很有立体感,都十分准确,形象逼真、生动,两只手上的皱纹也表现得淋漓尽致。可就在这样的一幅画上,荒谬和真实、可能与不可能交织在一起,使画面充满了思辨矛盾的意味,带出了现实的问题:鸡生蛋,还是蛋生鸡;谁是起点,谁是终点,等等。或许正是由于他对数学、建筑学和哲学的深入理解,阻碍了他与同道的交流,他在艺术界几乎总是特立独行,后无来者。他甚至至今无法被归入20世纪艺术的任何一个流派。但是,他却被众多的科学家视为知己。他的版画曾被许多科学著作和杂志用作封面,1954年的"国际数学协会"在阿姆斯特丹专门为他举办了个人画展,这是现代艺术史上罕见的。

埃舍尔所有的作品都充满幽默、神秘、机智和童话般的视觉魅力。每个普通人都可以有自己的感受。

埃舍尔的画是数学与绘画直接联系的例子之一。再来欣赏几幅埃舍尔的画。

2.4.2　达·芬奇画中之数学

　　达·芬奇不朽之作《最后的晚餐》:我们来解读其中的数学思维,耶稣和其 12门徒坐在餐桌旁,共庆逾越节,这是他们在一起吃的最后一顿晚餐。其以几 何图形为基础设计画面,利用透视学原理,使观众感觉房间随画面作了自然延 伸。为了构图,达·芬奇使弟子之间坐得比正常就餐的距离更近,并且分成四 组,在耶稣周围形成波浪状的层次,越靠近耶稣的门徒越显得激动。耶稣被画 成等边三角形,坐在正中间,摊开双手镇定自若,和周围紧张的门徒形成鲜明的 对比。耶稣的双眼注视画外,仿佛看穿了一切。耶稣背后的门外是祥和的外 景,明亮的天空在他头上仿佛一道光环。

《岩间圣母》：以圣母居图中央，其右手扶婴孩圣约翰，左手下坐着婴孩耶稣，天使在耶稣身后构成稳定三角形，并以手势彼此呼应。背景则是一片幽深岩窟、花草点缀，洞窟通透露光。人物背景的微妙刻画，烟雾状笔法的运用，科学地写实以及透视缩形等技术法的运用表明了作者在处理逼真写实和艺术加工的辩证关系方面达到了新的水平。这幅画是达·芬奇盛期创作的作品。

《维特鲁威人》：一个裸体的健壮中年男子，两臂微斜上举，两腿叉开，以其头、足和手指各为端点，正好外接一个圆形。同时在画中清楚可见叠着另一幅图像：男子两臂平伸站立，以他的头、足和手指各为端点，正好外接一个正方形。这幅素描中所画的男子形象是达·芬奇以比例最精准的男性为蓝本，被世界公认为是最完美的人体黄金比例。画中摆出这个姿势的男子被置于一个正方形中，正方形的每一条边等于 96 指长（24 掌长），而正方形被包围在一个大圆圈里，其肚脐就是圆心。此外"神秘数字 67"即《维特鲁威人》素描中人体特殊标记的等比测量，对于素描圆周长 67cm、素描人物头手夹角 67°，以及素描人物趾骨横线与左右腿之间的夹角 67°也是个有趣的数学之谜。

无论绘画还是诗歌，在一切最感性的活动中，都有数学的存在。有时它像导演藏在幕后，有时又像演员直接登台。它近在咫尺，又遥不可及。要发现它，只靠坚韧不拔的意志是不够的，还要靠广阔的视野、生动的想象和宁静的沉思。最后让我们一起驾智慧之舟去遨游数学之海，在思想的潜沉与飞翔中感受数学的人文魅力。

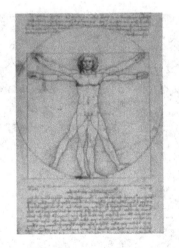

3 数学的起源与发展
——数学形成篇

3.1 数学史与人文精神

数学史研究的任务在于弄清数学发展过程中的基本史实,再现其本来面貌,同时透过这些历史现象对数学成就、理论体系与发展模式作出科学、合理的解释、说明与评价,进而探究数学科学发展的规律与文化本质。

人文精神是一种普遍的人类自我关怀,表现为对人的尊严、价值、命运的维护、追求和关切,对人类遗留下来的各种精神文化现象的高度珍视,对一种全面发展的理想人格的肯定和塑造。

3.2 数学的起源

数的形成与发展是人类生活与生产实践的需要,是从无到有,从少到多,从最初的实物计数到口头计数。数在生产实践中逐渐产生与得到发展。伴随人们思维的发展与实践的需要,计数也从口头计数到手指计数、结绳计数直到发展为简单的算术。而形的产生与发展经历由自然物形状的意识—审美意识的萌芽—形的概念。数与形的形成与发展也定义了最初的数学。下图是最初的手指计数与结绳计数。在数学发展史上,推动数学发展和数学主要成就主要集中在四大文明古国。

3.2.1 古埃及数学

1.埃及——几何的故乡

古埃及对数学的主要贡献为草皮书与古文字,它有着光辉灿烂的文明,影响最大的有金字塔、尼罗河。

(1)古埃及的象形文字(公元前3400年左右)。

1	2	3	4	5	6	7	8	9	10

11	12	20	40	70	100	200	1000	10000

(2)古埃及的草皮书。

《莱因德纸草书》是公元前1650年左右的古埃及数学著作,属于世界上最古老的数学著作之一,作者是书记官阿默斯。该纸草书内容似乎是依据了更早年代(公元前1849—前1801年)的教科书,为当时的贵族、祭司等知识阶层所著,最早发现于古埃及底比斯的废墟中。1858年由英国的埃及学者莱因德(A. H. Rhind)购得,故名。现藏于伦敦大英博物馆。该纸草书全长544cm,宽33cm。《莱因德纸草书》是了解古埃及数学的最主要依据。它准确反映了当时古埃及的数学知识状况,其中鲜明地体现了古埃及数学的实用性。它对我们应该如何看待数学的起源问题有很大的启发。

(3)《莫斯科纸草书》。

《莫斯科纸草书》又叫《戈列尼雪夫纸草书》,1893 年由俄国贵族戈列尼雪夫在埃及购得,现藏于莫斯科普希金精细艺术博物馆。据研究,这部纸草书是出自第十二王朝一位佚名作者的手笔(约公元前 1890 年),是用僧侣文写成。《莫斯科纸草书》包含了 25 个问题。

2.金字塔

埃及金字塔相传是古埃及法老的陵墓,但是考古学家从没在金字塔中找到过法老的木乃伊。金字塔主要流行于埃及古王国时期。陵墓基座为正方形,方锥体,侧影类似汉字的"金"字,故汉语称为金字塔,可是埃及人称之为"法老的坟墓"。埃及金字塔是至今最大的建筑群之一,成了古埃及文明最有影响力和持久的象征之一,据考古调查,金字塔塔底每边长 230m,误差小于 20cm,塔高146.5m,东南与西北角误差仅 1.27cm,直角误差仅有 $12''$,方位角误差为$2'\sim$$5'$。这样的精确度,现代建筑也望尘莫及。

3. 尼罗河

尼罗河为世界第一长河,为非洲主河流之父,位于非洲东北部,是一条国际性的河流,是古埃及文化的摇篮,也是现代埃及政治、经济和文化中心。尼罗河下游谷地河三角洲则是人类文明最早发源地之一,现今,埃及 90% 以上的人口均分布在尼罗河沿岸平原和三角洲地区。埃及人称尼罗河是他们的生命之河。古埃及人为了治理尼罗河的河水泛滥,他们惊奇发现:河水上涨与清晨天狼星升起的日子一样,间隔都为 365 天,因此确立了现代公历的基础。

3.2.2 古巴比伦数学

古巴比伦——代数的故乡。古巴比伦对数学的贡献主要是古文字与六十进制计数法。其中出土的数学泥板，上面有大量的账单、票据、收据，达到古代代数的最高水平。然而这些泥板在 1847 年才开始被研究，1920 年才有详尽的注解，古巴比伦文明才为世人所了解。

(1)古巴比伦的楔形数字(公元前 2400 年左右)。

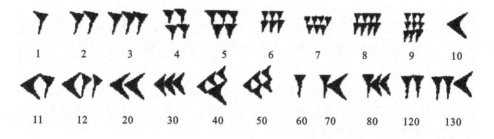

(2)古巴比伦的数学泥板。

20 世纪在两河流域有约 50 万块泥板文书出土，其中 300 多块与数学有关。下图为古巴比伦的"记事泥板"中关于"整勾股数"的记载。古巴比伦人是指曾居住在底格里斯河与幼发拉底河西河之间及其流域上的一些民族，大约在公元前 1800 年，他们创建了自己的国家——巴比伦王国。首都巴比伦是今日伊拉克的一部分，到了公元前 1700 年左右，在汉谟拉比王统治时期国势强盛，文化得到了高度的发展。

一百多年前,人们发现古巴比伦人是用楔形文字来计数的。他们是用头部呈三角形的木笔把字刻写在软泥板上,然后用火烧或晒干使它坚韧如石,以便保存下来进行知识交流。因为字的形状像楔子,所以人们称其为楔形文字。由于泥板书需要靠太阳或火烧烘干,遇到风吹雨淋,难以保存原样,因此流传到现在的泥板书并不多见,并且楔形文字的书写阻碍了长篇论著的编制。古巴比伦人从远古时代开始,已经积累了一定的数学知识,并能应用于解决实际问题。从数学本身看,他们的数学知识也只是观察和经验所得,没有明确的结论和证明。

在算术方面,他们对整数和分数有了较系统的写法,在计数中,已经有了位值制的观念,从而把算术推进到一定的高度,并用之解决许多实际问题,特别是天文方面的问题。

在代数方面,古巴比伦人用特殊的名称和记号来表示未知量,采用了少数运算记号,解出了含有一个或多个未知量的几种形式的方程,特别是解出了二次方程,这些都是代数的开端。

在几何方面,古巴比伦人认识到了关于平行线间的比例关系和初步的毕达哥拉斯定理,会求出简单几何图形的面积和体积,并建立了在特定情况下底面是正方形的棱台体积公式。

3.2.3　古印度数学

古印度对数学的发展最大的贡献为十进制的印度数码,第二大贡献是在 5 世纪"0"的出现。用圆圈符号"0"来表示零,在引进零的同时,也引进了负值,并写出了用负数与零进行运算的全部规则。印度著名数学家婆罗摩笈多(598—665 年)在其著作中记载负数减去零是负数;正数减零为正数;零减零等于零;零乘负数、正数或零都是零……印度对数学历史的最大贡献是创立了独一无二的数系并在全世界推广使用。这一数系包含四个要素:① 以十为基底;② 具有代表数一至九的特殊符号 1、2、3、4、5、6、7、8、9;③ 具有位值制表示法;④ 零的使用。这就是现在全世界通用的数系。这些要素中的每一项拿出来都不是印度特有的,但所有这些要素的结合赋予了印度数系独有的高品质,下图为印度的十进制数字表示法。

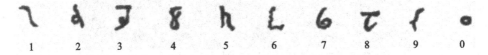

1921—1922年间,印度河流域莫亨佐·达罗、哈拉帕等古代城市遗址的考古挖掘,揭示了一个悠久的文明,史称"哈拉帕文化"或"印度河流域文化"。这一文明的创造者是印度土著居民达罗毗荼人,其历史可以追溯到公元前3000年左右。如果说希腊数学与其哲学密切相关,那么古代印度数学则更多地受到其宗教的影响。雅利安人建立的婆罗门教(公元4世纪后改革为印度教),以及稍后(公元前6世纪)兴起的佛教、耆那教等,形成了古代印度数学发展浓厚的宗教氛围。印度数学的发展可以划分为3个重要时期:首先是雅利安人入侵以前的达罗毗荼人时期(约公元前3000—前1400年),史称河谷文化;随后是吠陀时期(约公元前10—前3世纪);其次是悉檀多(梵文siddhanta,原为佛教因明术语,可意译为"宗"或"体系")时期(5—12世纪)。印度数学最早有可考文字记录的是吠陀时期,其数学材料混杂在婆罗门教的经典《吠陀》当中,年代不确定。吠陀即梵文veda,原意为知识、光明。《吠陀》内容包括对诸神的颂歌、巫术的咒语和祭祀的法规等,这些材料最初由祭司们口头传诵,后来记录在棕榈叶或树皮上,这些《吠陀》中关于庙宇、祭坛的设计与测量的部分《测绳的法规》(Sulva sūtrus),即《绳法经》,为公元前8—前2世纪的作品。其中有一些几何内容和建筑中的代数计算问题,如勾股定理、矩形对角线的性质等,还给出了圆周率、$\sqrt{2}$的近似值。耆那教的经典由宗教原理、数学原理、算术和天文等几部分构成。其中出现了许多计算公式,如圆的周长、弧长等。关于公元前2—3世纪的印度数学,可参考资料也很少,所幸于1881年在今巴基斯坦西北地区一座叫巴克沙利(Bakhashali)的村庄,发现了这一时期书写在桦树皮上的所谓"巴克沙利手稿"。其数学内容十分丰富,涉及分数、平方根、数列、收支与利润计算、比例算法、级数求和、代数方程等,其代数方程包括一次方程、联立方程组、二次方程。特别值得注意的是手稿中使用了一些数学符号:① 减号:"12−7"记成"12 7+";② 零号:用点表示0,后来逐渐演变为圆圈。巴克沙利手稿中出现了完整的十进制数码。

一块76年的石碑,因存于印度中央邦西北地区的瓜廖尔(GwMior)城而以瓜廖尔石碑著称,上面已记有清晰的数"0",用瓜廖尔石碑(876年)出现的圆圈

符号"0"表示零,可以说是印度数学①的一大发明。在数学上,"0"的意义是多方面的,它既表示"无"的概念,又表示位值计数中的空位,而且是数域中的一个基本元素,可以与其他数一起运算。印度数码在8世纪传入阿拉伯国家,后又通过阿拉伯人传至欧洲。零号的传播则要晚,不过最迟在13世纪初,斐波那契《算经》中已有包括零号在内的完整印度数码的介绍。印度数码和十进位值制计数法被欧洲人普遍接受之后,在欧洲近代科学的进步中扮演了重要的角色。悉檀多时期是印度数学的繁荣鼎盛时期,其数学内容主要是算术与代数,出现了一些著名的数学家,如阿耶波多(Aryabhata I,476—约550年)、婆罗摩笈多(Brahmagupta,598—665年)、马哈维拉(Mahavira,9世纪)和婆什迦罗(Bhaskara II,1114—约1185年)等。

1. 阿耶波多

阿耶波多是现今所知有确切生年的最早的印度数学家,他只有一本天文数学著作《阿耶波多历数书》(499年)传世。该书最突出的贡献在于对希腊三角学的改进和一次不定方程的解法。阿耶波多把半弦与全弦所对弧的一半相对应,同时他以半径作为度量弧的单位,实际是弧度制度量的开始。

2. 婆罗摩笈多

婆罗摩笈多的两部天文著作《婆罗摩修正体系》和《肯德卡迪亚格》,都含有大量的数学内容,其代数成就十分可贵。① 比较完整地叙述了零的运算法则;② 利用二次插值法构造了间隔为15°的正弦函数表;③ 获得了边长为 a,b,c,d 的四边形的面积公式(有误)。

$$S = \sqrt{(p-a)(p-b)(p-c)(p-d)}$$
$$[p = (a+b+c+d)/2]$$

---

① 张红.数学简史.北京:北京科学出版社,2009.

实际上这一公式只适用于圆内接四边形,婆罗摩笈多未意识到这一点,后来马哈维拉由这一公式将三角形视为有一边为零的四边形,得到了海伦公式。

3. 马哈维拉

7世纪以后,印度数学[①]开始沉寂,到9世纪才又呈现出繁荣。如果说7世纪以前印度的数学成就总是与天文学交织在一起,那么9世纪以后发生了改变。耆那教徒马哈维拉的《计算方法纲要》(*The Ganita-Sāra-Sangraha*)可以说是一部系统的数学专著,全书有9个部分:① 算术术语;② 算术运算;③ 分数运算;④ 各种计算问题;⑤ 三率法(即比例)问题;⑥ 混合运算;⑦ 面积计算;⑧ 土方工程计算;⑨ 测影计算。

4. 婆什迦罗

婆什迦罗是印度古代和中世纪最伟大的数学家和天文学家,长期在乌贾因负责天文台工作。他有两本代表印度古代数学最高水平的著作《莉拉沃蒂》和《算法本源》,天文著作有《天球》和《天文系统之冠》。《莉拉沃蒂》共有13章:第1章给出算学中的名词术语;第2章是关于整数、分数的运算;第3章论各种计算法则和技巧;第4章给出关于利率等方面的应用题;第5章给出数列计算问题,主要是等差数列和等比数列;第6章是关于平面图形的度量计算;第7至10章是关于立体几何的度量计算;第11章为测量问题;第12章是代数问题,包括不定方程;第13章是一些组合问题。

3.2.4 我国古代的数学

我国古代对数学发展的主要贡献为分数[②]、正负数、勾股定理、剩余定理等思想。而这些思想最终没有形成完整的理论也有其特殊的背景与原因:第一,我国重文轻理的思想,导致数学以及科学的落后;第二,受我国文字的限制,数学理论的表述与推导都很困难。

1. 我国的古文字

我国甲骨文数字(公元前1600年左右)如下图所示。

一	=	三	三	⊠	⋀	+	⋊	⋠	丨	囵	丂
1	2	3	4	5	6	7	8	9	10	100	1000

---

① 侯德润. 数学史. 北京:高等教育出版社,2011.
② 同注①。

殷墟甲骨上数学（商代，公元前 1400—前 1100 年，1983—1984 年间河南安阳出土）年代久矣。在殷墟出土的甲骨文中有一些是记录数字的文字，包括从一至十，以及百、千、万，最大的数字为三万；司马迁的《史记》提到大禹治水使用了规、矩、准、绳等作图和测量工具，而且知道"勾三股四弦五"，据说《易经》还包含组合数学与二进制思想。2002 年在湖南发掘的秦代古墓中，考古人员发现了距今大约 2200 年的九九乘法表，与现代小学生使用的乘法口诀"小九九"十分相似。

2. 筹算与十进制

算筹是中国古代的计算工具，它在春秋时期已经很普遍，使用算筹进行计算称为筹算。[①] 中国古代数学的最大特点是建立在筹算基础之上，这与西方及阿拉伯数学是明显不同的。但是，真正意义上的中国古代数学体系形成于自西汉至南北朝期间。《算数书》成书于西汉初年，是传世的中国最早的数学专著，它是 1984 年由考古学家在湖北江陵张家山出土的汉代竹简中发现的。《周髀算经》编纂于西汉末年，它虽然是一本关于"盖天说"的天文学著作，但是包括两项数学成就：① 勾股定理的特例或普遍形式（"若求邪至日者，以日下为句，日高为股，勾股各自乘，并而开方除之，得邪至日。"这是中国最早关于勾股定理的书面记载）。② 测太阳高或远的"陈子测日法"。《九章算术》在中国古代数学发展过程中占有非常重要的地位。它是经过许多人整理而成，大约成书于东汉时期。全书共收集了 246 个数学问题并且提供其解法，主要内容包括分数四则和比例算法、各种面积和体积的计算、关于勾股测量的计算等。在代数方面，《九章算术》在世界数学史上最早提出负数概念及正负数加减法法则。现在中学讲授的线性方程组的解法和《九章算术》介绍的方法大体相同。注重实际应用是《九章算术》的一个显著特点。该书的一些知识还传播至印度和阿拉伯，甚至经过这些地区远至欧洲。《九章算术》标志着以筹算为基础的中国古代数学体系的正式形成。

① 钱宝琮. 中国数学史. 北京：科学出版社，1981.

3.我国古代数学的发展

　　我国古代数学在三国及两晋时期侧重于理论研究,其中以赵爽与刘徽为主要代表人物。赵爽是三国时期吴人,在我国历史上他是最早对数学定理和公式进行证明的数学家之一,其学术成就体现于对《周髀算经》的阐释。在《勾股圆方图注》中,他还用几何方法证明了勾股定理,其实这已经体现"割补原理"的方法。用几何方法求解二次方程也是赵爽对我国古代数学的一大贡献。三国时期魏人刘徽则注释了《九章算术》,其著作《九章算术注》不仅对《九章算术》的方法、公式和定理进行了一般的解释和推导,而且系统地阐述了我国传统数学的理论体系与数学原理,并且多有创造。其发明的"割圆术"(圆内接正多边形面积无限逼近圆面积),为圆周率的计算奠定了基础,刘徽还算出圆周率的近似值——"3927/1250(3.1416)"。他设计的"牟合方盖"的几何模型为后人寻求球体积公式打下了重要基础。在研究多面体体积过程中,刘徽运用极限方法证明了"阳马术"。另外,《海岛算经》也是刘徽编撰的一部数学论著。

　　南北朝是我国古代数学的蓬勃发展时期,有《孙子算经》《夏侯阳算经》《张丘建算经》等算学著作问世。祖冲之、祖暅父子的工作在这一时期最具代表性。他们着重进行数学思维和数学推理,在前人刘徽《九章算术注》的基础上前进了一步。根据史料记载,其著作《缀术》(已失传)取得如下成就:① 圆周率精确到小数点后第六位,得到 $3.1415926 < \pi < 3.1415927$,并求得 π 的约率为 22/7,密率为 355/113,其中密率是分子分母在 1000 以内的最佳值。欧洲直到 16 世纪德国人鄂图(Otto)和荷兰人安托尼兹(Anthonisz)才得出同样结果。② 祖暅在刘徽工作的基础上推导出球体体积公式,并提出二立体等高处截面积相等则二体体积相等("幂势既同则积不容异")的定理。欧洲 17 世纪意大利数学家卡瓦列利(Cavalieri)才提出同一定理。祖氏父子在天文学上也有一定贡献。

　　隋唐时期的主要成就在于建立我国数学教育制度,这大概主要与国子监设立算学馆及科举制度有关。"算经十书"成为当时算学馆的专用教材。"算经十书"收集了《周髀算经》《九章算术》《海岛算经》等 10 部数学著作。所以当时的数学教育制度对继承古代数学经典是有积极意义的。600 年,隋代刘焯在制订《皇极历》时,在世界上最早提出了等间距二次内插公式;唐代僧一行在其《大衍历》中将其发展为不等间距二次内插公式。

　　从 11 世纪到 14 世纪的宋、元时期,是以筹算为主要内容的我国古代数学的鼎盛时期,其表现是这一时期涌现出许多杰出的数学家和数学著作。我国古代数学以宋、元数学为最高境界。在世界范围内,宋、元数学也几乎是与阿拉伯数学一起居于领先地位的。贾宪在《黄帝九章算法细草》中提出开任意高次幂的"增乘开方法",同样的方法至1819年才由英国人霍纳发现;贾宪的二项式定理系数表与17世纪欧洲出现的"巴斯加三角"是类似的。遗憾的是贾宪的《黄帝九章算法细草》书稿已佚。秦九韶是南宋时期杰出的数学家。1247年,他在《数书九章》中将"增乘开方法"加以推广,论述了高次方程的数值解法,并且列举20多个取材于实践的高次方程的解法(最高为十次方程)。16世纪,意大利人菲尔洛才提出三次方程的解法。另外,秦九韶还对一次同余式理论进行过研究。李冶于1248年发表《测圆海镜》,该书是首部系统论述"天元术"(一元高次方程)的著作,在数学史上具有里程碑意义。尤其难得的是,在此书的序言中,李冶公开批判轻视科学实践的行为,以及将数学贬为"贱技""玩物"等长期存在的士风谬论。

1261年,南宋杨辉(生卒年代不详)在《详解九章算法》中用"垛积术"求出几类高阶等差级数之和。1274年他在《乘除通变本末》中还叙述了"九归捷法",介绍了筹算乘除的各种运算法。1280年,元代王恂、郭守敬等制订《授时历》时,列出了三次差的内插公式。郭守敬还运用几何方法求出相当于现在球面三角的两个公式。1303年,元代朱世杰(生卒年代不详)著《四元玉鉴》,他把"天元术"推广为"四元术"(四元高次联立方程),并提出消元的解法,欧洲直到1775年法国人别朱(Bezout)才提出同样的解法。朱世杰还对各有限项级数求和问题进行了研究,在此基础上得出了高次差的内插公式,欧洲直到1670年英国人格里高利(Gregory)和1676—1678年间牛顿(Newton)才提出内插法的一般公式。14世纪中后叶明王朝建立以后,统治者奉行以"八股文"为特征的科举制度,在科举考试中大幅度削减数学内容,自此我国古代数学便开始呈现全面衰退之势。

明代珠算开始普及于我国。1592年程大位编撰的《直指算法统宗》是一部集珠算理论之大成的著作。但是有人认为,珠算的普及是抑制建立在筹算基础之上的我国古代数学进一步发展的主要原因之一。由于演算天文历法的需要,自16世纪末开始,来华的西方传教士便将西方一些数学知识传入我国。数学家徐光启向意大利传教士利马窦学习西方数学知识,他们还合译了《几何原本》的前6卷(1607年完成)。徐光启应用西方的逻辑推理方法论证了我国的勾股测望术,因此撰写了《测量异同》和《勾股义》两篇著作。邓玉函编译的《大测》(2卷)《割圆八线表》(6卷)和罗雅谷的《测量全义》(10卷)是介绍西方三角学的著作。

3.3 数学的发展时期

在人类的知识宝库中有三大类科学,即自然科学、社会科学、认识和思维的科学。自然科学又分为数学、物理学、化学、天文学、地理学、生物学、工程学、农学、医学等学科。数学是自然科学的一种,是其他学科的基础和工具。在世界上的百科全书中,它通常都是处于第一卷的地位。

从本质上看,数学是研究现实世界的数量关系与空间形式的科学。简单来讲,数学是研究数与形的科学。对这里的数与形应作广义的理解,它们随着数学的发展,而不断取得新的内容,不断扩大着内涵。数学来源于人类的生产实践活动,即来源于原始人捕获猎物和分配猎物、丈量土地和测量容积、计算时间和制造器皿等实践,并随着人类社会生产力的发展而发展。从时间上来划分,数学的历史可以分为三个大的发展时期。

3.3.1 初等数学时期

初等数学时期是指从原始时代到 17 世纪中叶,这期间数学研究的对象是常数、常量和不变的图形,这一时期可以分为三个阶段。

1.第一阶段(数学萌芽阶段)

数学萌芽阶段主要是原始时代到公元前 6 世纪,世界上最古老的几个国家都位于大河流域:黄河流域的中国、尼罗河下游的埃及、幼发拉底河与底格里斯河的巴比伦国、印度河与恒河的印度。这些国家都是在农业的基础上发展起来的,从事耕作的人们日出而作、日落而息,因此他们就必须掌握四季气候变迁的规律。游牧民族的迁徙也要辨清方向,白天以太阳为指南,晚上以星月为向导。因此,在世界各民族文化发展的过程中,天文学总是发展较早的科学,而天文学又推动了数学的发展。随着生产实践的需要,在公元前 3000 年左右,在四大文明古国——古巴比伦、古埃及、古中国、古印度出现了数学的萌芽。

古埃及人的数学兴趣是测量土地,几何问题多是讲度量法的,涉及田地的面积、谷仓的容积和有关金字塔的简易计算法。但是由于这些计算法是为了解决尼罗河泛滥后土地测量和谷物分配、容量计算等日常生活中必须解决的课题而设想出来的,因此并没有出现对公式、定理、证明加以理论推导的倾向。古埃及数学的一个主要用途是天文研究,也在研究天文中得到了发展。由于地理位置和自然条件优越,古希腊受到古埃及、古巴比伦这些文明古国的许多影响,成为欧洲最先创造文明的地区。

在公元前 775 年左右,古希腊人把他们用过的各种象形文字书写系统改换成腓尼基人的拼音字母后,文字变得容易掌握,书写也简便多了。因此古希腊人更有能力来记载他们的历史和思想,发展他们的文化。古代西方世界的各条知识支流在希腊汇合起来,经过古希腊哲学家和数学家的过滤和澄清,形成了长达千年的灿烂的古希腊文化。

数学经过漫长时间的萌芽阶段,在生产的基础上积累了丰富的有关数和形的感性知识。到了公元前 6 世纪,希腊几何学的出现成为第一个转折点,数学从此由具体的、实验的阶段过渡到抽象的、理论的阶段,开始创立初等数学。此后又经过不断的发展和交流,最后形成了几何、算术、代数、三角等独立学科。这一时期的成果可以用"初等数学"(即常量数学)来概括,它大致相当于现在中小学数学课的主要内容。

2. 第二阶段(几何优先阶段)

几何优先阶段主要从公元前 5 世纪末至公元 2 世纪,这一时期有许多水平很高的数学书稿问世,并一直流传到了现在。公元前 3 世纪,欧几里得写出了平面几何、比例论、数论、无理量论、立体几何的集大成的著作《几何原本》,第一次把几何学建立在演绎体系上,使之成为数学史乃至思想史上一部划时代的名著。遗憾的是,人们对欧几里得的生活和性格知道得很少,甚至连他的生卒年月和地点都不清楚。估计他生于公元前 330 年,很可能在雅典的柏拉图学园受过数学训练,后来成为亚历山大里亚大学(约建成于公元前 300 年)的数学教授和亚历山大数学学派的奠基人。

阿基米德把抽象的数学理论和具体的工程技术结合起来,根据力学原理去探求几何图形的面积和体积,第一个播下了积分学的种子。阿波罗尼写出了《圆锥曲线》一书,成为后来研究这一问题的基础。1 世纪的赫伦写出了使用具体数解释求积法的《测量术》等著作。2 世纪的托勒密完成了到那时为止的数理天文学的集大成著作《数学汇编》,结合天文学研究三角学。大约在公元前 1000 年,印度的数学家戈涅西已经知道:圆的面积等于以它的半周长为底,以它的半径为高的矩形的面积。印度早期的一些数学成就是与宗教教仪一同流传下来的,其中包括勾股定理。

希腊数学中最突出的三大成就——欧几里得的几何学、阿基米德的穷竭法和阿波罗尼的圆锥曲线论,标志着当时数学的主体部分——算术、代数、几何基本上已经建立起来了。罗马人征服了希腊也摧毁了希腊的文化。公元前 47 年,罗马人焚毁了亚历山大里亚图书馆,收集的藏书和 50 万份手稿竟付之一炬。基督教徒又焚毁了塞劳毕斯神庙,大约 30 万种手稿被焚。640 年,回教徒征服埃及,残留的书籍被阿拉伯征服者欧默下令焚毁。由于外族入侵和古希腊后期数学本身缺少活力,希腊数学衰落了。

3. 第三阶段(代数优先阶段)

3—17 世纪,数学发展的中心转移到了东方的印度、中亚细亚、阿拉伯国家和中国。在这 1000 多年时间里,数学主要是由于计算的需要,特别是由于天文学的需要而得到迅速发展。和以前的希腊数学家大多数是哲学家不同,东方的数学家大多数是天文学家。从公元 6 世纪到 17 世纪初,初等数学在各个地区之间交流,并且取得了重大进展。古希腊的数学看重抽象、逻辑和理论,强调数学是认识自然的工具,重点是几何;而古代中国和印度的数学看重具体、经验和应用,强调数学是支配自然的工具,重点是算术和代数。

数学作为一门学科确立和发展起来,还是在作为吠陀辅学的历法学受到天文学的影响之后的事。印度数学受婆罗门教的影响很大,此外还受希腊、中国数学的影响,特别是受中国的影响。印度数学的全盛时期是在 5—12 世纪之间。在现有的文献中,499 年阿耶波多著的天文书《圣使策》的第二章,已开始把数学作为一个学科体系来讨论。628 年婆罗门(梵藏)著《梵图满手册》,讲解对模式化问题的解法,由基本演算和实用算法组成;讲解正负数、零和方程解法,由一元一次方程、一元二次方程、多元一次方程等组成。这证明印度已经有了相当于未知数符号的概念,能使用文字进行代数运算。这些都汇集在婆什迦罗 1150 年的著作中,后来就没有很大的发展。印度数学文献是用极简洁的韵文书写的,往往只有计算步骤而没有证明。印度数学书中用 10 进位计数法进行计算;在天文学书中不用希腊人的"弦",而向类似于三角函数的方向发展。这两者都随着天文学一起传入了阿拉伯世界,而现行的"阿拉伯数码"就源于印度,应当称为"印度-阿拉伯数码"。

阿拉伯数学是指阿拉伯科学繁荣时期(8—15 世纪)在阿拉伯语的文献中看到的数学。7 世纪以后,阿拉伯语言不仅是阿拉伯国家的语言,而且成为中东、中亚细亚许多国家的官方语言。阿拉伯数学的特点是实践性,与天文学有密切关系,对古典著作做大量的注释。它的表现形式和写文章一样,不用符号,连数目也用阿拉伯语的数词书写,而阿拉伯数字仅用于实际计算和表格。对于阿拉伯文化来说,数学是外来的学问,在伊斯兰教创立之前,只有极简单的计算方法。7 世纪时,通过波斯传进了印度式计算方法。后来开始翻译欧几里得、阿基米德等人的希腊数学著作。花拉子模著的《代数学》成为阿拉伯代数学的范例。在翻译时代(大约 850 年之前)过去之后,阿拉伯数学在 11 世纪达到顶点。阿拉伯人改进了印度的计数系统,代数的研究对象规定为方程论,让几何从属于代数,不重视证明。引入正切、余切、正割、余割等三角函数,制作精密的三角函数表,发现平面三角与球面三角若干重要的公式,使三角学脱离天文学独立出来。

在西欧的历史上,"中世纪"一般是指从 5—14 世纪这一时期。5—11 世纪这个时期称为欧洲的黑暗时代,除了制定教历外,在数学上没什么成就。12 世纪成了翻译者的世纪,古代希腊和印度等的数学,通过阿拉伯向西欧传播。13 世纪前期,数学在一些大学兴起。斐波那契著《算盘书》《几何实用》等书,在算术、初等代数、几何和不定分析方面有独创的见解。14 世纪黑死病流行,"百年战争"开始,相对地是数学上的不毛之地。奥雷斯姆第一次使用分数指数,还用坐标确定点的位置。

15 世纪欧洲的文艺复兴兴起。随着拜占庭帝国的瓦解,难民们带着希腊文化的财富流入意大利。大约在这个世纪的中叶,欧洲受中国四大发明的影响,改进了印刷术,彻底变革了书籍的出版条件,加速了知识的传播。在这个世纪末,哥伦布发现了美洲,不久麦哲伦船队完成了环球航行。在商业、航海、天文学和测量学的影响下,西欧作为初等数学的最后一个发展中心,终于后来居上。15 世纪的数学活动集中在算术、代数和三角方面。缪勒的名著《三角全书》是欧洲人对平面和球面三角学所作的独立于天文学的第一个系统的阐述。16 世纪最壮观的数学成就是塔塔利亚、卡尔达诺、拜别利等发现的三次和四次方程的代数解法,接受了负数并使用了虚数。16 世纪最伟大的数学家是韦达,他写了许多关于三角学、代数学和几何学的著作,其中最著名的《分析方法入门》改进了符号,使代数学大为改观;斯蒂文创设了小数;雷提库斯是把三角函数定义为直角三角形的边与边之比的第一人,他还雇用了一批计算人员,花费 12 年时间编制了两个著名的、至今尚有用的三角函数表,并附有第一、第二和第三差。由于文艺复兴引起的对教育的兴趣和商业活动的增加,一批普及的算术读本开始出现。到 16 世纪末,算术读本不下三百种。"+""-""="等符号开始出现。17 世纪初,对数的发明是初等数学的一大成就。1614 年,耐普尔首创了对数,1624 年布里格斯引入了相当于现在的常用对数,计算方法因而向前推进了一大步。

3.3.2 变量数学时期

变量数学时期是从 17 世纪中叶到 19 世纪 20 年代[①],这一时期数学研究的

---

① 柳成行.简明数学史.哈尔滨:哈尔滨工业大学出版社,2008.

主要内容是数量的变化及几何变换。这一时期的主要成果是解析几何、微积分、高等代数等学科,它们构成了现代大学数学课程(非数学专业)的主要内容。16、17 世纪,欧洲封建社会开始解体,取而代之的是资本主义社会。由于资本主义工厂手工业的繁荣和向机器生产的过渡,以及航海、军事等的发展,技术科学和数学急速向前发展。原来的初等数学已经不能满足实践的需要,在数学研究中自然而然地就引入了变量与函数的概念,从此数学进入了变量数学时期。它以笛卡儿的解析几何的建立为起点(1637 年),接着是微积分的兴起。

笛卡儿对数学最重要的贡献是创立了解析几何。笛卡儿成功地将当时完全分开的代数和几何学联系到了一起。在他的著作《几何》中,笛卡儿向世人证明,几何问题可以归结成代数问题,也可以通过代数转换来发现、证明几何性质。

在数学史上,引人注目的 17 世纪是一个开创性的世纪。这个世纪中发生了对于数学具有重大意义的三件大事。

第一件大事是伽利略实验数学方法的出现,它表明了数学与自然科学的一种崭新的结合。其特点是在所研究的现象中,找出一些可以度量的因素,并把数学方法应用到这些量的变化规律中去。伽利略的实验数学为科学研究开创了一种全新的局面。

第二件大事是笛卡儿的重要著作《方法谈》及其附录《几何学》于 1637 年发表。它引入了运动着的一点的坐标的概念,引入了变量和函数的概念。由于有了坐标,平面曲线与二元方程之间建立起了联系,由此产生了一门用代数方法研究几何学的新学科——解析几何学。这是数学的一个转折点,也是变量数学发展的第一个决定性阶段。

在近代史上,笛卡儿以资产阶级早期哲学家闻名于世,被誉为第一流的物理学家、近代生物学的奠基人和近代数学的开创者。他 1596 年 3 月 21 日生于法国图朗,成年后的经历大致可分为两个阶段。第一阶段从 1616 年大学毕业至 1628 年去荷兰之前,为学习和探索时期。第二阶段为 1628—1649 年,为新思想的发挥和总结时期,他的大部分时间是在荷兰度过的,这期间他完成了自己的所有著作。

第三件大事是微积分学的建立,最重要的工作是由牛顿和莱布尼兹各自独立完成的。他们认识到微分和积分实际上是一对逆运算,从而给出了微积分学基本定理,即牛顿-莱布尼兹公式。到 1700 年,大学里学习的大部分微积分内容已经建立起来,其中还包括较高等的内容,如变分法。第一本微积分课本出版于 1696 年,是洛必达写的,而牛顿的《自然哲学的数学原理》这本书被公认为科学史上最伟大的著作(爱因斯坦称赞其为"无比辉煌的演绎成就")。它成了理论力学、天文学、宇宙学可以补充但不可超越的理论基石。

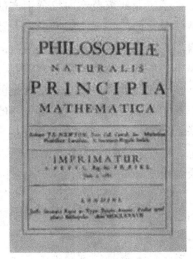

莱布尼兹是在建立微积分中唯一可以与牛顿并列的科学家。1684 年莱布尼兹发表了他的第一篇微积分学论文《一种求极大与极小值和求切线的新方法》,简称《新方法》,这也是数学史上第一篇正式发表的微积分文献。文中定义了微分并广泛采用了微分记号 dx、dy、$d^n y$。但是在其后的相当一段时间里,微积分的概念还是不明晰,并且很少被人注意,因为早期的研究者都被此学科的显著的可应用性所吸引。除了这三件大事外,还有笛沙格在 1639 年发表的一书中,进行了射影几何的早期工作;帕斯卡于 1649 年制成了计算器;惠更斯于 1657 年发表了关于概率论的第一篇论文。

17 世纪,数学发生了许多深刻的、明显的变革。在数学的活动范围方面,数学教育扩大了,从事数学工作的人迅速增加,数学著作在较广的范围内得到传播,而且建立了各种学会。在数学的"传统"方面,从形的研究转向了数的研究,代数占据了主导地位。在数学发展的趋势方面,开始了科学数学化的过程。最早出现的是力学的数学化,它以 1687 年牛顿写的《自然哲学的数学原理》为代表,从三大定律出发,用数学的逻辑推理将力学定律逐个地引申出来。1705 年纽可门制成了第一台可供实用的蒸汽机;1768年瓦特制成了近代蒸汽机。由此引起了英国的工业革命,以后遍及全欧洲,生产力迅速提高,从而促进了科学的繁荣。法国掀起的启蒙运动,人们的思想得到进一步解放,为数学的发展创造了良好条件。18世纪数学的各个学科,如三角学、解析几何学、微积分学、数论、方程论、概率论、微分方程和分析力学得到快速发展。还开创了若干新的领域,如保险统计科学、高等函数(指微分方程所定义的函数)、偏微分方程、微分几何等。这一时期主要的数学家有伯努利家族的几位成员:隶莫弗尔、泰勒、麦克劳林、欧拉、克雷罗、达朗贝尔、兰伯特、拉格朗日和蒙日等。他们中大多数的数学成就就来自微积分在力学和天文学领域的应用。但是,达朗贝尔关于分析的基础不可取的认识、兰伯待在平行公设方面的工作、拉格朗日在微积分严谨化上做的努力以及卡诺的哲学思想向人们发出预告:几何学和代数学的解放即将来临,现在是深入考虑数学的基础的时候了。

18世纪的数学表现出几个特点:① 以微积分为基础,发展出宽广的数学领域,成为后来数学发展中的一个主流;② 数学方法完成了从几何方法向解析方法的转变;③ 数学发展的动力除了来自物质生产之外,还来自物理学;④ 已经明确地把数学分为纯粹数学和应用数学。19世纪20年代出现了一个伟大的数学成就,那就是把微积分的理论基础牢固地建立在极限的概念上。柯西于1821年在《分析教程》一书中,发展了可接受的极限理论,然后极其严格地定义了函数的连续性、导数和积分,强调了研究级数收敛性的必要,给出了正项级数的根式判别法和积分判别法。柯西的著作震动了当时的数学界,他的严谨推理激发了其他数学家努力摆脱形式运算和单凭直观的分析。今天的初等微积分课本中写的内容,实质上是柯西的这些定义。

19世纪前期出版的重要数学著作还有高斯的《算术研究》(1801年,数论)、蒙日的《分析在几何学上的应用》(1809年,微分几何)、拉普拉斯的《分析概率论》(1812年)、斯坦纳的《几何形的相互依赖性的系统发展》(1832年)等。以高斯为代表的数论的新开拓,以彭资莱、斯坦纳为代表的射影几何的复兴,都是引人瞩目的。

3.3.3 现代数学时期

现代数学时期是指由19世纪20年代至今,这一时期数学主要研究的是最一般的数量关系和空间形式,数和量仅仅是它的极特殊的情形,通常的一维、二维、三维空间的几何形象也仅仅是特殊情形。抽象代数、拓扑学、泛函分析是整个现代数学科学的主体部分。无论是大学数学专业课程还是非数学专业课程都要具备其中某些知识。变量数学时期新兴起的许多学科,蓬勃地向前发展,内容和方法不断地充实、扩大和深入。18、19世纪之交,数学已经达到丰沛茂密的境地,似乎数学的宝藏已经挖掘殆尽,再没有多大的发展余地了。然而,这只是暴风雨前夕的宁静。19世纪20年代,数学革命的暴风雨终于来临了,数学开始了一连串本质的变化,从此数学又迈入了一个新的时期——现代数学时期。

19世纪前半叶,数学上出现两项革命性的发现——非欧几何与不可交换代数。大约在1826年,人们发现了与通常的欧几里得几何不同的,但也是正确的几何——非欧几何。这是由罗巴契夫斯基和里耶首先提出的。非欧几何的出现,改变了人们认为欧几里得几何是唯一存在的观点。它的革命思想不仅为新几何学开辟了道路,而且是20世纪相对论产生的前奏和准备。后来证明,非欧几何所导致的思想解放对现代数学和现代科学有着极为重要的意义,因为人类终于开始突破感官的局限而深入自然的、更深刻的本质。从这个意义上说,为确立和发展非欧几何贡献了一生的罗巴契夫斯基不愧为现代科学的先驱者。

1854年,黎曼推广了空间的概念,开创了几何学一片更广阔的领域——黎曼几何学。非欧几何学的发现还促进了公理方法的深入探讨,研究可以作为基础的概念和原则,分析公理的完全性、相容性和独立性等问题。1899年,希尔伯特对此做了重大贡献。1843年,哈密顿发现了一种乘法交换律不成立的代数——四元数代数。不可交换代数的出现,改变了人们认为存在与一般的算术代数不同的代数,是不可思议的观点。它的革命思想打开了近代代数的大门。

此外,由于一元方程根式求解条件的探究,引进了群的概念。19世纪20—30年代,阿贝尔和伽罗华开创了近代代数学的研究。近代代数是相对古典代数来说的,古典代数的内容是以讨论方程的解法为中心的。群论之后,多种代数系统(环、域、格、布尔代数、线性空间等)被建立。这时,代数学的研究对象扩大为向量、矩阵,等等,并逐渐转向对代数系统结构本身的研究。

上述事件和它们所引起的发展,被称为几何学和代数学的解放。19世纪还发生了另一个具有深远意义的数学事件:分析的算术化。1874年威尔斯特拉斯提出了一个引人注目的例子,要求人们对分析基础作更深刻的理解。他提出了被称为"分析的算术化"的著名设想,实数系本身最先应该严格化,然后分析的所有概念应该由此数系导出。他和后继者们使这个设想基本上得以实现,使如今的全部分析,从实数系特征的一个公设集中推导出来。

现代数学家们的研究,远远超出了把实数系作为分析基础的设想。欧几里得几何通过其分析的解释,也可以放在实数系中。如果欧几里得几何是相容的,则几何的多数分支是相容的。实数系(或某部分)可以用来解群代数的众多分支,可使大量的代数相容性依赖于实数系的相容性。事实上,如果实数系是相容的,则现存的全部数学也是相容的。19世纪后期,由于狄德金、康托和皮亚诺的工作,这些数学基础已经建立在更简单、更基础的自然数系之上,即他们证明了实数系(由此导出多种数学)能从确立自然数系的公设集中导出。

20世纪初期,证明了自然数可用集合论概念来定义,因而各种数学能以集合论为基础来讲述。拓扑学开始是几何学的一个分支,但是直到20世纪的中期,它才得到了推广。拓扑学可以粗略地定义为对于连续性的数学研究。科学家们认识到:任何事物的集合,不管是点的集合、数的集合、代数实体的集合、函数的集合或非数学对象的集合,都能在某种意义上构成拓扑空间。拓扑学的概念和理论,已经成功地应用于电磁学和物理学的研究。20世纪有许多数学著作曾致力于仔细考查数学的逻辑基础和结构,这反过来导致公理学的产生,即对于公设集合及其性质的研究。许多数学概念经受了重大的变革和推广,并且像集合论、近世代数学和拓扑学这样深奥的基础学科也得到广泛发展。一般(或抽象)集合论导致的一些意义深远而困扰人们的悖论,迫切需要得到解决。逻辑本身作为在数学上以已知的前提去得出结论的工具,被认真地推理,从而产生了数理逻辑。逻辑与哲学的多种关系,导致数学哲学的各种不同学派的出现。

20世纪40—50年代,世界科学史上发生了三件惊天动地的大事,即原子能的利用、电子计算机的发明和空间技术的兴起。此外还出现了许多新的情况,促使数学发生急剧的变化。这些情况是:首先是现代科学技术研究的对象日益超出人类的感官范围,如高温、高压、高速、高强度、远距离、自动化发展。以长度单位为例,小到1飞(毫微微米,即10^{-15}米),大到100万秒差距(325.8万光年)。这些测量和研究都不能依赖于感官的直接经验,越来越多地要依靠理论计算的指导。其次是科学实验的规模空前扩大,一个大型的实验,要耗费大量的人力和物力。为了减少浪费和避免盲目性,迫切需要精确的理论分析和设计。再次是现代科学技术日益趋向定量化,各个科学技术领域,都需要使用数学工具。数学几乎渗透到所有的科学部门中,从而形成了许多边缘数学学科,如生物数学、生物统计学、数理生物学等。

上述情况使得数学发展呈现出一些比较明显的特点,可以简单地归纳为三个方面:计算机科学的形成、应用数学出现众多的新分支、纯粹数学有若干重大的突破。1945年,第一台电子计算机诞生以后,由于电子计算机应用广泛、影响巨大,围绕它很自然地要形成一门庞大的科学。粗略地说,计算机科学是对计算机体系、软件和某些特殊应用进行探索和理论研究的一门科学。计算数学可以归入计算机科学之中,但它也可以算是一门应用数学。计算机的设计与制造的大部分工作,通常是计算机工程或电子工程的事。软件是指解题的程序、程序语言、编制程序的方法等。研究软件需要使用数理逻辑、代数、数理语言学、组合理论、图论、计算方法等很多数学工具。目前电子计算机的应用已达数千种,还有不断增加的趋势。但只有某些特殊应用才归入计算机科学之中,如机器翻译、人工智能、机器证明、图形识别、图像处理等。20世纪40年代以后,涌现出了大量新的应用数学科目,内容的丰富、应用的广泛、名目的繁多都是史无前例的,如对策论、规划论、排队论、最优化方法、运筹学、信息论、控制论、系统分析、可靠性理论等。这些分支所研究的范围和相互间的关系很难划清,也有的因为用了很多概率统计的工具,又可以看作概率统计的新应用或新分支,还有的可以归入计算机科学之中,等等。

20世纪40年代以后,基础理论也有了飞速的发展,做了许多突破性的工作,解决了一些根本性质的问题。在这过程中引入了新的概念、新的方法,推动了整个数学前进。例如,希尔伯特1990年在国际数学家大会上提出的尚待解决的23个问题中,有些问题得到了解决。60年代以来,还出现了如非标准分析、模糊数学、突变理论等新兴的数学分支。此外,近几十年来经典数学也获得了巨大进展,如概率论、数理统计、解析数论、微分几何、代数几何、微分方程、因数论、泛函分析、数理逻辑等。

当代数学的研究成果,有了几乎爆炸性的增长。刊载数学论文的杂志,在17世纪末以前,只有17种(最初出版于1665年);18世纪有210种;19世纪有950种。在20世纪初,每年发表的数学论文不过1000篇;到1960年,美国《数学评论》发表的论文摘要是7824篇,到1973年为20410篇,1979年已达52812篇,文献呈指数式增长之势。数学的三大特点——高度抽象性、应用广泛性、体系严谨性,更加明显地表露出来。今天,差不多每个国家都有自己的数学学会,而且许多国家有致力于各种水平的数学教育的团体。它们已经成为推动数学发展的有利因素之一。目前数学还有加速发展的趋势,这是过去任何一个时期所不能比拟的。现代数学虽然呈现出多姿多彩的局面,但是它的主要特点可以概括如下:① 数学的对象、内容在深度和广度上都有了很大的发展,分析学、代数学、几何学的思想、理论和方法都发生了惊人的变化,数学不断分化、不断综合的趋势都在加强。② 电子计算机进入数学领域,产生巨大而深远的影响。

③ 数学几乎渗透到所有的科学领域,并且起着越来越大的作用,纯粹数学不断向纵深发展,数理逻辑和数学基础已经成为整个数学大厦的基础。

　　以上简要地介绍了数学在古代、近代、现代三个大的发展时期的情况。如果把数学研究比喻为研究"飞鸟",那么第一个时期主要研究飞鸟的几张相片(静止、常量);第二个时期主要研究飞鸟的几部电影(运动、变量);第三个时期主要研究飞鸟、飞机、飞船等所具有的一般性质(抽象、集合)。这是一个由简单到复杂、由具体到抽象、由低级向高级、由特殊到一般的发展过程。如果从几何学的范畴来看,欧几里得几何学、解析几何学和非欧几何学①就可以作为数学三大发展时期的有代表性的成果,而欧几里得②、笛卡儿和罗巴契夫斯基更是可以作为各时期的代表人物。

---

① 柳成行.数学简明史.哈尔滨:哈尔滨工业大学出版社,2008.

② 托马斯·希斯.欧几里得原理十三本书.北京:世界图书出版公司,2015.

4 数学大观园——魅力篇

4.1 数学与文学的完美融合

数学与文学,也许当你第一眼看到两者时,不会意识到它们之间的关系。也许会固执地以为它们之间根本没有联系,但是不可否定的是,枯燥的数学伴随人类文化发展,而且数学与文学相辅相成。如果这个世界缺少了数学,那就好比雄鹰失去了翅膀,但是如果没有文学,那它就失去了那双锐利的双眼。

4.1.1 文学中的数学

数学是一门学科,一直以来是把数学归类到自然科学,但准确地说,数学是一门哲学,也是一门科学。而如果一门学科不能和现实世界接轨,不能为现实生活服务,那么也就失去了其发展的土壤。从我们开始懵懵学语开始,我们的父母、老师就开始教我们数学知识,但是当我们长大才发现,他们教我们的数学知识基本上都是与身边的现实生活相联系的。在汉代有一件关于汉武帝的趣闻,汉武帝逐渐衰老,一天,他在宫中照镜子,看到自己满头白发,便闷闷不乐。他对身边的侍从说:"看来,我终究要一死。我把国家治理成这个样子,上对得起祖宗,下对得起百姓,也算不错了,只有一事不放心,不知死后'阴间'好不好?"东方朔回道:"阴间好得很,皇上尽管放心去吧!"汉武帝大惊,连问:"你怎么知道?"东方朔不慌不忙地回答说:"如果那里不好,死者一定要逃回来的,可他们却没有一个人逃归,所以那边肯定好极了,说不定是个极乐世界哩!"汉武帝听后大笑,满面愁容顿时消去。东方朔的妙论实际上是一种数学逻辑。

文学,是以语言文字为工具,形象化地反映客观现实、表现作家心灵世界的艺术,包括诗歌、散文、小说、剧本、寓言、童话等,是文化的重要表现形式,以不同的形式即体裁,表现内心情感,再现一定时期和一定地域的社会生活。文学,包括中国语言文学、外国语言文学及新闻传播学。文学是人文学科的学科分类之一,与哲学、宗教、法律、政治并驾于社会建筑上层。它起源于人类的思维活动。最先出现的是口头文学,一般是与音乐联结,体现为可以演唱的抒情诗歌。最早形成书面文学的有中国的《诗经》、印度的《罗摩衍那》和古希腊的《伊利昂纪》等。中国先秦时期将以文字写成的作品统称为文学,魏晋以后才逐渐将文学作品单独列出。欧洲传统文学理论分类法将文学分为诗、散文、戏剧三大类。现代通常将文学分为诗歌、小说、散文、戏剧四大类别。

1. 小说中的数学

文学是以感觉经验的形式来传达人类的理性思维,而数学是以理性思维的形式来描述人类的感觉。

在《射雕英雄传》里面,黄蓉被铁掌帮帮主裘千仞打伤后和郭靖逃进黑水潭。黑水潭的主人瑛姑向黄蓉提了一个问题,瑛姑道:"将一至九这九个数字排成三列,不论纵横斜角,每三字相加都是十五,如何排法?"黄蓉的解答口诀是:"九宫之义,法以灵龟,二四为肩,六八为足,左三右七,戴九履一,五居中央。"这是我国古代一道非常著名的数学题目——洛书。

相传在3000多年前的夏禹时代,从洛水浮出一只神龟,背上有一个由九组小圆点组成的图形。如果把每个小圆点当成 1,写成数字就是黄蓉说的那个答案。千万不要以为洛书里的奥秘只有上面所说的那些,其实,洛书里蕴藏的奥秘还多着呢。比如,下面这些异乎寻常的奥秘。

奥秘一:把每行三个数字连在一起,看成一个三位数,这三个三位数的和与它们的逆序数(就是数字排列顺序相反的数)的和相等。更妙的是,等式左边各数的平方和与右边各数的平方和也相等,即 $492^2 + 357^2 + 816^2 = 618^2 + 753^2 + 294^2$。

奥秘二:用同样的方式,从每行的三个数字中取两个数字,组成三个两位数,这三个两位数的和与它们逆序数的和相等。如

去掉左边那一列:$92 + 57 + 16 = 61 + 75 + 29$;

去掉右边那一列：49＋35＋81＝18＋53＋94；

去掉中间那一列：42＋37＋86＝68＋73＋24。

奥秘三：上面这些对于"行"成立的奥秘，对于"列"也成立。

奥秘四：对于角上的四个数字，可以列出：48＋86＋62＋24＝42＋26＋68＋84。

奥秘五：对于各边中间的四个数字，同样有：312＋172＋792＋932＝392＋972＋712＋132。

奥秘六：对于以 5 为中心的横行、竖行、斜行，四个三位数 951、357、258、654，情况又会怎样呢？有兴趣的话不妨试试。

中国人自古以来就对数和数的计算有着独特的认识。面对洛书的这些奥秘，我们不能不为伟大祖国传统文化的博大精深而骄傲，不能不为有幸作为一名龙的传人而自豪！

2. 歌剧与墓碑中的数学

歌剧《刘三姐》中三秀才与刘三姐的对话如下。

> 三秀才：
>
> 小小麻雀莫逞能，
>
> 三百条狗四下分，
>
> 一少三多要单数，
>
> 看你怎样分得清？

> 刘三姐：
>
> 九十九条打猎去，
>
> 九十九条看羊来，
>
> 九十九条守门口，
>
> 还有三条狗奴才。

丢番图的墓志铭

坟中安葬着丢番图,多么令人惊讶,它忠实地记录了所经历的道路。上帝给予的童年占六分之一,又过十二分之一,两颊长胡,再过七分之一,点燃起结婚的蜡烛。五年之后天赐贵子,可怜迟到的宁馨儿,享年仅及其父之半,便进入冰冷的墓。悲伤只有用数论的研究去弥补,又过四年,他也走完了人生的旅途。

丢番图到底活了多久?

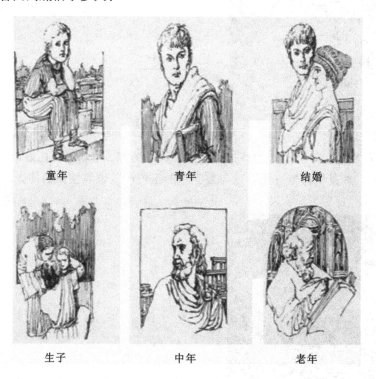

童年　　　　　　青年　　　　　　结婚

生子　　　　　　中年　　　　　　老年

3. 数学与文学表达的意境一致

陈子昂在诗中写道:"前不见古人,后不见来者,念天地之悠悠,独怆然而涕下。"这是时间和三维欧几里得空间的文学描述。

又如李白在《望天门山》中写道:"天门中断楚江开,碧水东流至此回。两岸青山相对出,孤帆一片日边来。"与数学中的双曲函数有异曲同工之妙。

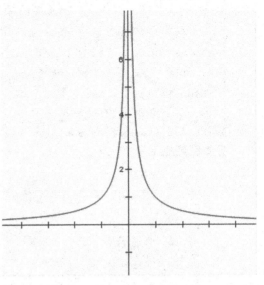

李白在《望庐山瀑布》中写道:"日照香炉生紫烟,遥看瀑布挂前川。飞流直下三千尺,疑是银河落九天。"这与数学中的正切函数也有相似的地方。

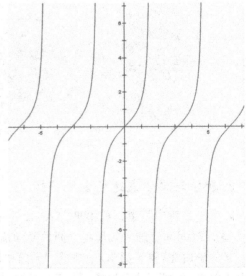

"两个黄鹂鸣翠柳,一行白鹭上青天。"这与数学中分段函数也有相似的地方。

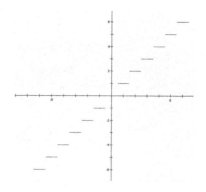

4.1.2　对联中的数学

泱泱中华大地,孕育了多少灵秀人物;滔滔历史长河,流淌着多少文化特产。这些文化传统以其形式之奇和意趣之美,如同奇花异草,装饰着千姿百态、美不胜收的人类文化大观园,对联就是其中的一种。

古人学语文,很重要的内容就是学对联。古往今来,许多文人墨客、才子佳人以对对子来展现自己的才华,为后人留下了宝贵的遗产和丰富的轶闻趣事。

在清朝乾隆年间,乾隆皇帝下江南游玩,遇到了一位老寿星。一打听,这位老寿星已经141岁了,于是乾隆就出了一个上联:花甲重开,外加三七岁月。让两位大臣对出下联。纪晓岚也是一位才华横溢的文人,很快就对出了下联:古稀双庆,更多一度春秋。

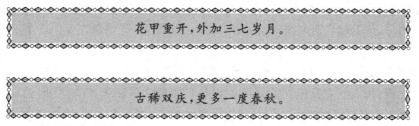

花甲重开,外加三七岁月。

古稀双庆,更多一度春秋。

在这副对联中,都体现出141岁,但又没有明显出现数字,说明了我国古代文字的博大精深。

再看下面这副对联。

上联:2+0+1+3+1+4,下联:2-0-1-3-1-4。

> 人生寓意:
>
> 　　做人不能用加法,只索取,结果就是孤家寡人,与人相处要用减法,讲奉献,人生才不会孤单。

4.2 魅力数字

数学是上帝用来书写宇宙的文字。

——伽利略

这个世界可以由音乐的音符组成,也可以由数学的公式组成。

——爱因斯坦

只有音乐堪与数学媲美。

——A. H. 怀海德

数学和诗歌都具有永恒的性质。

——R. D. Carmichael

4.2.1 神奇的数字与人生

1.数字陷阱

有三个人同去餐厅吃饭,每人各出 10 元钱,餐厅找回 5 元钱,让服务员转交给这三个人。服务员有点贪小便宜,他一想,三个人分 5 元钱,怎么也不能做到平均分,于是就自己拿走 2 元,剩下的 3 元钱正好退给每人 1 元。每人事先出了 10 元钱,共计 30 元。后又每人找回 1 元,相当于每人各出了 9 元钱,计 27 元,加上服务员拿走的 2 元,计 29 元。那么剩下的 1 元钱去哪里了?

分析:每人所花费的 9 元钱已经包括了服务生藏起来的 2 元(即老板的 25 元+服务生私藏 2 元=27 元=3×9 元),因此在计算这 30 元的组成时不能算上服务生私藏的那 2 元钱,而应该加上退还给每人的 1 元钱。即:3×9+3×1=30 元,正好!

客人一共掏出了 30 元,然后这 30 元的去向是:老板收 25 元,服务生藏了 2 元,又返给客人 3 元。最后算客人一共花了 3×9=27 元,应该是等于老板 25+服务生 2=27,而 27 和 2 根本就不能加!

2.数字黑洞

黑洞原是天文学中的概念,表示这样一种天体:它的引力场是如此之强,就连光也不能逃脱出来。数学中借用这个词,指的是某种运算,这种运算一般限定从某些整数出发,反复迭代后结果必然落入一个点或若干点的情况,这叫数字黑洞。

(1)数字黑洞——1。

任取一个正整数,如果它是偶数,就除以 2,如果它是奇数,就用它乘以 3 再加 1。将所得到的结果不断地重复上述运算,最后的结果总是 1。

如正整数 7。

$$7 \times 3 + 1 = 22, 22 \div 2 = 11, 11 \times 3 + 1 = 34, 34 \div 2 = 17,$$
$$17 \times 3 + 1 = 52, 52 \div 2 = 26, 26 \div 2 = 13, 13 \times 3 + 1 = 40,$$
$$40 \div 2 = 20, 20 \div 2 = 10, 10 \div 2 = 5, 5 \times 3 + 1 = 16,$$
$$16 \div 2 = 8, 8 \div 2 = 4, 4 \div 2 = 2, 2 \div 2 = 1, 1 \times 3 + 1 = 4,$$
$$4 \div 2 = 2, 2 \div 2 = 1$$

(2)数字黑洞——123。

任取一个正整数,将组成这个数的偶数的数字个数、奇数的数字个数和这个数的数字位数依次写下来,组成一个新的数,重复上述步骤,你会发现,最后的结果始终是 123。

如正整数 518054。

$$518054 - 336 - 123 - 123$$

如正整数 13246670125。

$$13246670125 - 6511 - 134 - 123$$

(3)三位数黑洞——495。

只要输入一个三位数,要求个、十、百位数字不相同,如不允许输入 111、222 等。那么把这个三位数的三个数字按大小重新排列,得出最大数和最小数,两者相减得到一个新数,再按照上述方式重新排列,再相减,最后总会得到 495 这个数字。

如输入 352。

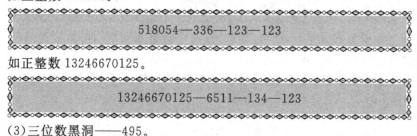

$$532 - 235 = 297, 972 - 279 = 693,$$
$$963 - 369 = 594, 954 - 459 = 495$$

（4）四位数黑洞——6174。

把一个四位数的四个数字由小至大排列，组成一个新数，又由大至小排列组成一个新数，这两个数相减，之后重复这个步骤，只要四位数的四个数字不重复，数字最终便会变成6174。

如3109。

$$9310-139=9171,9711-1179=8532,$$
$$8532-2358=6174,7641-1467=6174$$

（5）水仙花数黑洞（数字黑洞——153）。

任意找一个3的倍数的数，先把这个数的每一个数位上的数字都立方，再相加，得到一个新数，然后把这个新数的每一个数位上的数字再立方、求和，重复运算，就能得到一个固定的数——153，我们称它为数字"水仙花数黑洞"。

如：63是3的倍数，按上面的规律运算如下。

$$6^3+3^3=216+27=243,2^3+4^3+3^3=8+64+27=99,$$
$$9^3+9^3=729+729=1458,$$
$$1^3+4^3+5^3+8^3=1+64+125+512=702,$$
$$7^3+0^3+2^3=351,3^3+5^3+1^3=153,$$
$$1^3+5^3+3^3=153$$

除上面说到的数字外，还可以自己找其他具有相同性质的数字。其他数字虽不具有黑洞的性质，但形式上具有对称美。例如：

$$1\times8+1=9$$
$$12\times8+2=98$$
$$123\times8+3=987$$
$$1234\times8+4=9876$$
$$12345\times8+5=98765$$
$$123456\times8+6=987654$$
$$1234567\times8+7=9876543$$
$$12345678\times8+8=98765432$$
$$123456789\times8+9=987654321$$

$$1×9+2=11$$
$$12×9+3=111$$
$$123×9+4=1111$$
$$1234×9+5=11111$$
$$12345×9+6=111111$$
$$123456×9+7=1111111$$
$$1234567×9+8=11111111$$
$$12345678×9+9=111111111$$
$$123456789×9+10=1111111111$$

$$1×1=1$$
$$11×11=121$$
$$111×111=12321$$
$$1111×1111=1234321$$
$$11111×11111=123454321$$
$$111111×111111=12345654321$$
$$1111111×1111111=1234567654321$$
$$11111111×11111111=123456787654321$$
$$111111111×111111111=12345678987654321$$

如果英文字母

A B C D E F G H I J K L M N O P Q R S T U V W X Y Z 依序代表下列相对数字：

1 2 3 4 5 6 7 8 9 10 11 12 13 14 15 16 17 18 19 20 21 22 23 24 25 26

如果

努力工作

H-A-R-D-W-O-R-K　$8+1+18+4+23+15+18+11=98$

知识

K-N-O-W-L-E-D-G-E　$11+14+15+23+12+5+4+7+5=96$

而态度

A-T-T-I-T-U-D-E　$1+20+20+9+20+21+4+5=100$

那么看看神的爱能达到多少呢？

L-O-V-E-O-F-G-O-D　$12+15+22+5+15+6+7+15+4=101$

人生寓意：
　　努力工作与知识能让你接近目标,态度能让你达到目标,唯拥有感恩的心与爱会让你超越目标。

3.神奇的数字123与人生

1个和尚挑水喝,2个和尚抬水喝,3个和尚没水喝,这是我们都熟知的故事,那么这个故事传递给我们的是什么样的道理呢?

一个人敷衍了事,两个人互相推诿,三个人则永无成事之日。多少有点类似于我们"三个和尚"的故事。人与人的合作不是人力的简单相加,而是要复杂、微妙得多。

4.2.2　黄金分割

黄金分割最初由古希腊数学家毕达哥拉斯于公元前6世纪所发现,后来古希腊美学家柏拉图将此称为黄金分割。

这其实是一个数字的比例关系,即把一条线分为两部分,此时长段与短段之比恰恰等于整条线与长段之比,其数值比为1.618:1或1:0.618,也就是说,长段的平方等于全长与短段的乘积。黄金分割存在于我们现实生活中,如有些植物的叶子等。

1.人体中的黄金分割

芭蕾演员虽然身材修长,但其腰长与身高之比平均约为 0.58,只有在翩翩起舞、踮起脚尖时,方能展现 0.618 的魅力。

2.建筑中的黄金分割

建筑物中某些线段的比也是科学地采用了黄金分割法,科学家和艺术家普遍认为,黄金律是建筑艺术必须遵循的规律。因此建筑大师和雕塑家们就巧妙地利用黄金分割比创造出雄伟壮观的建筑杰作和令人倾倒的艺术作品。

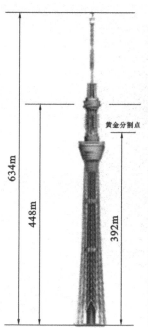

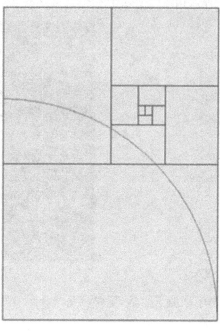

3.绘画艺术中的黄金分割

黄金矩形的"迷人面容"——蒙娜丽莎的微笑。

《蒙娜丽莎的微笑》给了数以亿万计的人们美的艺术享受,备受推崇。意大利画家达·芬奇在创作中大量运用了黄金矩形来构图。整个画面使人觉得和谐自然,优雅安宁。蒙娜丽莎的头和两肩在整幅画面中都完美地体现了黄金分割,使得这幅油画看起来是那么和谐完美。

数学来源于生活,数学在每个人的身边,需要我们用心去体验、去发现。

5 "第六感"带来的困惑
——数学之谜篇

5.1　20世纪的数学之谜

在 1900 年巴黎国际数学家代表大会上,希尔伯特发表了题为"数学问题"的著名演讲。他根据过去的,特别是 19 世纪数学研究成果和发展趋势,提出了 23 个重要的数学问题,这 23 个数学问题,有的已得到圆满的解决,有的得到部分解决,有的还没得到解决,本书只简单介绍其中 22 个问题。

1. 康托的连续统基数问题

1874 年,康托猜测在可数集基数和实数集基数之间没有别的基数,即著名的连续统假设。1938 年,侨居美国的奥地利数理逻辑学家哥德尔证明了连续统假设与 ZF 集合论公理系统的无矛盾性。1963 年,美国数学家科思(P. Choen)证明连续统假设与 ZF 公理彼此独立。因而,连续统假设不能用 ZF 公理加以证明。问题已得到解决。

2. 算术公理系统的无矛盾性

欧几里得几何的无矛盾性可以归结为算术公理的无矛盾性。希尔伯特曾提出用形式主义计划的证明论方法加以证明,哥德尔 1931 年发表不完备性定理作出否定。根茨 1936 年使用超限归纳法证明了算术公理系统的无矛盾性。

3.只根据合同公理证明等底、等高的两个四面体有相等之体积是不可能的

存在两个等底、等高的四面体，它们不可能分解为有限个小四面体，使这两组四面体的体积相等。问题已得到解决。

4.两点间以直线为距离最短线问题

满足两点间以直线为距离最短线的几何现象很多，因而需要加以某些限定条件。在添加对称距离的条件下，这个问题已得到解决。

5.拓扑学成为李群的条件（拓扑群）

拓扑学成为李群的条件这一个问题简称连续群的解析性，即是否每一个局部欧氏群都一定是李群。1952年，由格里森、蒙哥马利、齐宾共同解决。1953年，日本的山迈英彦已得到完全肯定的结果。

6.对数学起重要作用的物理学的公理化

1933年，苏联数学家柯尔莫哥洛夫将概率论公理化。后来，在量子力学、量子场论方面取得成功。但在物理学各个分支中能否全盘公理化，很多人保持怀疑态度。

7.某些数的超越性的证明

需证：如果 α 是代数，β 是无理数的代数，那么 α，β 一定是超越数或至少是无理数。1929年苏联的盖尔封特、1935年德国的施奈德及西格尔分别独立地证明了其正确性。但超越数理论还远未完成。目前，确定所给的数是否超越数，尚无统一的方法。

8.素数分布问题，尤其对黎曼猜想、哥德巴赫猜想和孪生素数问题

素数是一个很古老的研究领域。希尔伯特在此提到黎曼猜想、哥德巴赫猜想以及孪生素数问题。黎曼猜想至今未解决。哥德巴赫猜想和孪生素数问题目前也未最终解决，其最佳结果均属中国数学家陈景润完成。

9.一般互反律在任意数域中的证明

1921年由日本的高木贞治，1927年由德国的阿廷各自基本解决了一般互反律在任意数域中的证明问题。而类域理论问题至今还在发展中。

10. 能否通过有限步骤来判定不定方程是否存在有理整数解

求出一个整数系数方程的整数根,称为丢番图方程可解。1950 年前后,美国数学家戴维斯、普特南、罗宾逊等取得关键性突破。1970 年,巴克尔、费罗斯对含两个未知数的方程取得肯定结论。1970 年,苏联数学家马蒂塞维奇最终证明:在一般情况下答案是否定的。尽管得出了否定的结果,却产生了一系列很有价值的"副产品",其中不少与计算机科学有密切联系。

11. 一般代数数域内的二次型论

德国数学家哈塞和西格尔在 20 世纪 20 年代获重要结果。20 世纪 60 年代,法国数学家魏依取得了新进展。

12. 类域的构成问题

类域的构成问题即将阿贝尔域上的克罗内克定理推广到任意的代数有理域上去。此问题仅有一些零星结果,还未彻底解决。

13. 一般 7 次代数方程以两变量连续函数之组合求解的不可能性

7 次方程 $x^7 + ax^3 + bx^2 + cx + 1 = 0$ 的根依赖于 3 个参数 $a, b, c, X = X(a, b, c)$。这一函数能否用两变量函数表示出来,此问题已基本解决。1957 年,苏联数学家阿诺尔德证明了任一在 $[0,1]$ 上连续的实函数 $f(x_1, x_2, x_3)$ 可写成形式 $\sum h_i [\xi_i (x_1, x_2), x_3] (i = 1, 2, 3, \cdots, 9)$,这里 h_i 和 ξ_i 为连续实函数。柯尔莫哥洛夫证明 $f(x_1, x_2, x_3)$ 可写成形式 $\sum h_i [\xi_{i1}(x_1) + \xi_{i2}(x_2) + \xi_{i3}(x_3)] (i = 1, 2, 3, \cdots, 7)$,这里 h_i 和 ξ_i 为连续实函数,ξ 的选取可与 f 完全无关。1964 年,维土斯金推广到连续可微情形,对解析函数情形则未解决。

14. 某些完备函数系的有限的证明

域 K 上的以 $x_1, x_2, \cdots, x_m$ 为自变量的多项式 $f_i (i = 1, 2, \cdots, m)$,$R$ 为 $K[x_1, x_2, \cdots x_m]$ 上的有理函数 $F(x_1, x_2 \cdots x_m)$ 构成的环,并且 $F(f_1, f_2, \cdots, f_m) \in K[x_1, x_2, \cdots x_m]$,试问 R 是否可由有限个元素 $F_1, F_2, \cdots, F_n$ 的多项式生成?这个与代数不变量问题有关的问题,日本数学家永田雅宜于 1959 年用漂亮的反例给出了否定的结论。

15. 建立代数几何学的基础

1938—1940 年荷兰数学家范德瓦尔登提出,1950 年魏依已解决。

当将问题一般化,给以严格基础,它现在有了一些可计算的方法,它和代数几何学有密切的关系,但严格的基础至今仍未建立。

16.代数曲线和曲面的拓扑研究

代数曲线和曲面的拓扑研究前半部分涉及代数曲线含有闭的分支曲线的最大数目,后半部分要求讨论 $dx/dy = Y/X$ 的极限环的最多个数 $N(n)$ 和的相对位置,其中 X,Y 是 x,y 的 n 次多项式,对 $n=2$(即二次系统)的情况。1934年福罗献尔得到 $N(2) \geqslant 1$ 的结果;1954年鲍廷得到 $N(2) \geqslant 3$ 的结果;1955年苏联的波德洛夫斯基宣布 $N(2) \leqslant 3$ 这个结果曾震动一时,由于其中的若干引理被否定而成疑问。

关于相对位置,中国数学家董金柱、叶彦谦1957年证明了 (E_2) 不超过两串。1957年中国数学家秦元勋和蒲富金具体给出了 $n=2$ 的方程具有至少3个成串极限环的实例。1978年,中国的史松龄在秦元勋、华罗庚的指导下,与王明淑分别举出至少有4个极限环的具体例子。1983年,秦元勋进一步证明了二次系统最多有4个极限环,并且是(1,3)结构,从而最终解决了二次微分方程的解的结构问题,并为研究希尔伯特第16问题提供了新的途径。

17.半正定形式的平方和表示

实系数有理函数 $f(x_1, x_2, \cdots, x_n)$ 对任意数组 $(x_1, x_2, \cdots, x_n)$ 都恒大于或等于0,确定 f 是否都能写成有理函数的平方和。1927年阿廷已将其解决。

18.用全等多面体构造空间

德国数学家比贝尔巴赫于1910年、莱因哈特于1928年已部分解决用全等多面体构造空间的问题。

19.正则变分问题的解是否总是解析函数

德国数学家伯恩斯坦和苏联数学家彼德罗夫斯基已将正则变分问题的解是否总是解析函数问题解决。

20.研究一般边值问题

一般边值问题进展迅速,已成为一个很大的数学分支。目前还在继续发展。

21.具有给定奇点和单值群的 Fuchs 类的线性微分方程解的存在性证明

具有给定奇点和单值群的 Fuchs 类的线性微分方程解的存在性证明,这一问题属线性常微分方程的大范围理论。希尔伯特于 1905 年、勒尔于 1957 年分别得出重要结论。

22.发展变分学方法的研究

发展变分学方法的研究不是一个明确的数学问题,而是对一个新兴的研究领域的评述与期望。在 20 世纪,变分法有了很大的发展。

5.2 21 世纪的数学之谜

21 世纪是科学技术继续飞速发展和知识经济全球化的世纪,与此同时数学的脚步仍在不断向前,旧的问题一步步趋向解决,新的问题也不断被提出,挑战着人类的智慧。就在 21 世纪刚开始不久,美国麻州的克雷(Clay)数学研究所于 2000 年 5 月 24 日在巴黎法兰西学院宣布了一件被媒体炒得火热的大事:对七个"千禧年数学难题"的每一个难题悬赏一百万美元。

1.P(多项式算法)问题对 NP(非多项式算法)问题

在一个周末的晚上,你参加了一个盛大的晚会。现在向你提出这样的问题:在这个宴会大厅中可能有你熟悉的一位,这时你会怎样做? 此时你必须环顾整个大厅,一个个地审视每一个人,看是否有你认识的人。显然,你要耗时耗力。现在给你一个附加条件:宴会主人向你提议说,你可能认识那边甜点桌附近的人,这时你会怎样做? 你会立刻巡视那边,不费一秒钟,就可以找出答案。

这两种方式找到一个人的效率是完全不同的,效率与能行性是数学中至关重要的问题。生成问题的一个解通常比验证一个给定的解所花费的时间要多得多。这是这种一般现象的其中的一个例子。

如果某人告诉你,数 13717421 不是一个质数,你不知是否正确;如果给你附加个条件,这个数可能分解为 3607×3803,那么你就可以立刻用一个袖珍计算器很轻易验证这个结果是否正确。

在数学研究中我们在一些更为复杂的问题上也会遇到类似的判断问题:它在本质上是属于多项式算法问题还是属于非多项式算法问题;如何判别;两者是否在某种情况下可进行转换。这个问题是斯蒂文·考克(Stephen Cook)于 1971 年提出的,至今还没得到解答。

2. 霍奇(Hodge)猜想

20世纪的数学家们发现了研究复杂对象的形状的强有力的办法。基本想法是问在怎样的程度上,我们可以把给定对象的形状通过把维数不断增加的简单几何营造块黏合在一起来形成。这种技巧变得如此有用,使得它可以用许多不同的方式来推广,最终使数学家在对他们研究中所遇到的形形色色的对象进行分类时取得巨大的进展。不幸的是,在这一推广中,程序的几何出发点变得模糊起来。在某种意义下,必须加上某些没有任何几何解释的部件。霍奇猜想断言,对于所谓射影代数簇这种特别完美的空间类型来说,称作霍奇闭链的部件实际上是称作代数闭链的几何部件的(有理线性)组合。

3. 庞加莱(Poincare)猜想

取一个有无限弹力的橡皮带,将它无限拉伸也拉不断,当不给它拉力时,它可以缩为一点。如果我们将这个橡皮带伸缩缠绕在一个苹果表面,让橡皮带上的每一个点都与苹果面相接触,这时既不扯断它,也不让它离开苹果表面,使它慢慢移动收缩为一个点,这个是可以做到的。如果我们想象同样的橡皮带以适当的方向被伸缩在一个轮胎面上,那么不扯断橡皮带或者轮胎面,是没有办法把它收缩为一点的。

大约在100年以前,庞加莱就把这个实验做成功了,他指出:苹果表面是单连通的二维球面,而轮胎面不是。因此他提出三维球面(四维空间中与原点有单位距离的点的全体)的对应问题。这个问题一经提出,就变得无比困难,从那时起,数学家们就在为此奋斗。但值得庆幸的是,在2006年8月佩雷尔曼的证明解决了庞加莱这一猜想。

4.黎曼(Riemann)假设

有些数具有不能表示为两个更小的数的乘积的特殊性质,例如,2,3,5,7,等等。这样的数称为素数,它们在纯数学及其应用中都起着重要作用。在所有自然数中,这种素数的分布并不遵循任何有规则的模式。然而,德国数学家黎曼观察到,素数的频率紧密相关于一个精心构造的所谓黎曼(泽塔)函数 $\xi(s)$ 的性态。著名的黎曼假设断言,方程 $\xi(s)=0$ 的所有有意义的解都在一条直线上。这点已经对于开始的 1500000000 个解验证过。证明它对于每一个有意义的解都成立,将为围绕素数分布的许多奥秘带来光明。

5.杨-米尔斯(Yang-Mills)存在性和质量缺口

量子物理的定律是以经典力学的牛顿定律对宏观世界的方式,对基本粒子世界成立的。大约半个世纪以前,杨振宁和米尔斯发现,量子物理揭示了在基本粒子物理与几何对象的数学之间的令人注目的关系。基于杨-米尔斯方程的预言已经在如下的全世界范围内的实验室中所履行的高能实验中得到证实,如布罗克哈文、斯坦福、欧洲粒子物理研究所和筑波。尽管如此,他们既描述重粒子,又在数学上严格的方程没有已知的解。特别是,被大多数物理学家所确认,并且在他们的对于"夸克"的不可见性的解释中应用的"质量缺口"假设,从来没有得到一个数学上令人满意的证实。

6.纳维叶-斯托克斯(Navier-Stokes)方程的存在

起伏的波浪跟随着正在湖中蜿蜒穿梭的小船,湍急的气流跟随着现代喷气式飞机的飞行。数学家和物理学家深信,无论是微风还是湍流,都可以通过理解纳维叶-斯托克斯方程的解,来对它们进行解释和预言。虽然这些方程是 19 世纪写下的,我们对它们的理解仍然极少,但挑战在于对数学理论作出实质性的进展,使我们能解开隐藏在纳维叶-斯托克斯方程中的奥秘。

7.贝赫(Birch)和斯维讷通-戴尔

数学家总是被诸如 $x^2+y^2=z^2$ 那样的代数方程的所有整数解的刻画问题着迷。欧几里得曾经对这一方程给出完整的解答,但是对于更为复杂的方程,这就变得极为困难。事实上,希尔伯特第 10 问题是不可解的,即不存在一般的方法来确定这样的方法是否有一个整数解。当解是一个阿贝尔簇的点时,贝赫和斯维讷通-戴尔猜想认为,有理点的群的大小与一个有关的泽塔函数 $\xi(s)$ 在点 $s=1$ 附近的性态。这个有趣的猜想还认为,如果 $\xi(1)$ 等于 0,那么存在无限个有理点(解);相反,如果 $\xi(1)$ 不等于 0,那么只存在有限个这样的点。

6 数学的领军人物
——榜样篇

6.1 国外的数学家

6.1.1 泰勒斯

古希腊学者泰勒斯是现知最早的数学家和论证几何学的鼻祖。他出生于古希腊的小亚细亚西部爱奥尼亚地方的米利都城,是米利都学派的创始人、"古希腊七贤之首"。他的家庭政治地位显贵、经济生活富足,据说他有希伯来人或犹太人、腓尼基人血统,所以他从小就受到了良好的教育。泰勒斯将全部精力灌注于哲学与科学的钻研。早年是一个商人,曾到过不少东方国家,学习了古巴比伦观测日食、月食的方法和测算海上船只距离等知识,了解到英赫·希敦斯基探讨万物组成的原始思想,知道了古埃及土地丈量的方法和规则等。他还到美索不达米亚平原,在那里学习了数学和天文学知识。后来,他从事政治和工程活动,并研究数学和天文学,晚年研究哲学。

泰勒斯在数学方面曾发现了不少平面几何学的定理,他曾发现并论证了"直径平分圆周""三角形两等边对等角""两条直线相交、对顶角相等""三角形两角及其夹边已知,此三角形完

全确定""半圆所对的圆周角是直角"等定理,这些定理虽然简单,且古埃及、巴比伦人也许早已知道,但是,泰勒斯把它们整理成一般性的命题,论证了它们的严格性,并在实践中广泛应用。在年轻时,他四处游学,到过金字塔之国,在那里学会了天文观测、几何测量,据说他可以利用一根标杆,测量、推算出金字塔的高度。他也到过两河流域的巴比伦,饱学了东方璀璨的文化。回到家乡米利都后,泰勒斯创立了爱奥学派,后成为古希腊著名的七大学派之首。泰勒斯素有"科学之父"的美称。

故事

　　泰勒斯有一天晚上走在旷野之间,抬头看着星空,满天星斗,可是他预言第二天会下雨,正在他预言会下雨的时候,脚下有一个坑,他掉了下去差点摔了个半死,别人把他救起来,他说:"谢谢你把我救起来,你知道吗? 明天会下雨啊。"于是就有"哲学家是只知道天上的事情不知道脚下发生什么事情的人"这样一个笑话。但是两千年以后,德国哲学家黑格尔说,一个民族只有有那些关注天空的人,这个民族才有希望。如果一个民族只是关心眼下脚下的事情,这个民族是没有未来的。

6.1.2　阿基米德

　　阿基米德(公元前 287—前 212 年),伟大的古希腊哲学家、百科式科学家、数学家、物理学家、力学家,是静态力学和流体静力学的奠基人。出生于西西里岛的叙拉古的一个贵族家庭。他从小就善于思考,喜欢辩论。早年游历过古埃及,曾在亚历山大城学习。据说他就在亚历山大里亚时期发明了阿基米德式螺旋抽水机。后来阿基米德成为兼数学家与力学家的伟大学者,并且享有"力学之父"的美称。阿基米德流传于世的数学著作有 10 余种,多为希腊文手稿。阿基米德定律(Archimedes Law)是物理学中力学的一条基本原理:浸在液体(或气体)里的物体受到竖直向上的浮力作用。

故事

◎ 国王让金匠做了一顶纯金王冠，但他怀疑金匠在王冠中掺假了。可是，做好的王冠无论从重量上、外形上都看不出问题。国王把这个难题交给了阿基米德。阿基米德日思夜想。一天，他去澡堂洗澡，当他慢慢坐进澡盆时，水从盆边溢了出来，他望着溢出来的水，突然大叫一声："我知道了！"竟然一丝不挂地跑回家。原来他想出办法了。阿基米德把金王冠放进一个装满水的缸中，一些水溢出来。他取了王冠，把水装满，再将一块同王冠一样重的金子放进水里，又有一些水溢出来。他把两次溢出的水加以比较，发现第一次溢出的水多于第二次。于是他断定金冠中掺了银。经过一番试验，他算出银子的重量。当他宣布他的发现时，金匠目瞪口呆。阿基米德从中发现了一条原理：浸在液体里物体受到向上的浮力的大小等于被该物体排出的液体的重量。这条原理被后人命名为阿基米德定律（阿基米德原理或浮力原理）。

◎ 在亚历山大城求学期间，阿基米德经常到尼罗河畔散步，在久旱不雨的季节，他看到农民吃力地一桶一桶地把水从尼罗河提上来浇地，他便创造了一种螺旋提水器，通过螺杆的旋转把水从河里取上来，省了农民很大力气。它不仅沿用到今天，还是当代用于水中和空中的一切螺旋推进器的原始雏形。阿基米德在他的著作《论杠杆》（可惜失传）中详细地论述了杠杆的原理。有一次叙拉古国王对杠杆的威力表示怀疑，他要求阿基米德移动载满重物和乘客的一艘新三桅船。阿基米德叫工匠在船的前后左右安装了一套设计精巧的滑车和杠杆。他让国王牵动一根绳子，大船居然慢慢地滑到海中。群众欢呼雀跃，国王也高兴异常。

6.1.3　费马

费马是 17 世纪的法国律师、业余数学家。他在数学上的成就不比职业数学家差，他对数论最有兴趣，也对现代微积分的建立有所贡献。

费马于 1601 年 8 月 17 日出生于法国南部图卢兹附近的博蒙·德·洛马涅。他的父亲多米尼克·费马在当地开了一家大皮革商店，拥有相当丰厚的产业，使得费马从小生活在富裕舒适的环境中。

费马生性内向，谦抑好静，不善推销自己、展示自我。因此他生前极少发表自己的论著，连一部完整的著作也没有出版。他发表的一些文章，也总是隐姓埋名。好在费马有个"不动笔墨不读书"的习惯，凡是他读过的书，都有他的圈圈点点、勾勾画画，页边还有他的评论，大多成果只留在手稿、通信或书页的空白处。在他 64 岁病逝后，他的儿子通过整理他的笔记和批注挖掘他的思想，并出版了举世瞩目的《数学论集》。

6.1.4　高斯

被称为"数学王子""数学家之王"的高斯出身于德国不伦瑞克一个世代都是劳动者的家庭。高斯是历史上以"神童"著称的数学家。高斯 3 岁时便能够纠正他父亲的借债账目的事情，已经成为一个轶事流传至今。他曾说，他在麦仙翁堆上学会计算，能够在头脑中进行复杂的计算，是上帝赐予他一生的天赋。

在成长过程中,幼年的高斯受其母亲和舅舅的影响。高斯的舅舅弗利德里希富有智慧,为人热情而又聪明能干,在纺织贸易方面颇有成就。他发现高斯聪明伶俐,因此他就把一部分精力花在这位小天才身上,用生动活泼的方式开发高斯的智力。若干年后,已成年并且成就显赫的高斯回想起当年舅舅为他所做的一切,深深感到了这些对他成才的重要性,他每次想到舅舅,都无不伤感地说:"舅舅的去世使我们失去了一位天才。"由于舅舅慧眼识英,劝导高斯的父亲让孩子向学者方面发展,才使得高斯没有成为园丁或者泥瓦匠。

高斯的母亲罗捷雅真心地希望儿子能干出一番伟大的事业,对高斯的才华极为珍视。然而,她也不敢轻易地让儿子投入当时尚不能养家糊口的数学研究中。在高斯 19 岁那年,尽管他已取得了许多伟大的数学成就,但她仍向数学界的朋友波尔约问道:高斯将来会有出息吗? 波尔约说她的儿子将是"欧洲最伟大的数学家",为此她激动得热泪盈眶。

 故事

高斯 7 岁那年开始上学。10 岁的时候,他进入了学习数学的班级,这是一个首次创办的班,孩子们在这之前都没有听说过算术这门课程。数学教师是布特纳,他对高斯的成长也起了一定作用。

一天,老师布置了一道题:如 1＋2＋3 这样从 1 一直加到 100 等于多少? 高斯很快就算出了答案,起初高斯的老师布特纳并不相信高斯算出了正确答案:"你一定是算错了,回去再算算。"高斯说出答案就是 5050,高斯是这样算的 1＋100＝101,2＋99＝101,1 加到 100 有 50 组这样的数,所以 50×11＝5050。

布特纳从此对他刮目相看,他特意从汉堡买了最好的算术书送给高斯,说:"你已经超过了我,我没有什么东西可以教你了。"接着,高斯与布特纳的助手巴特尔斯建立了真诚的友谊,直到巴特尔斯逝世。他们一起学习,互相帮助,高斯由此开始了真正的数学研究。

6.1.5 欧拉

欧拉出身瑞士巴塞尔的一个牧师家庭,父亲保罗·欧拉(Paul Euler)是基督教加尔文宗的牧师,保罗·欧拉早年在巴塞尔大学学习神学,后娶了牧师的女儿玛格丽特·布鲁克（Marguerite Brucker），也就是欧拉的母亲。欧拉是他们 6 个孩子中的长子。在欧拉出生后不久，他们全家就从巴塞尔搬迁至郊外的里恩，在那里欧拉度过了他童年的大部分时光。

欧拉 13 岁时进入了巴塞尔大学，主修哲学和法律，在每周星期六下午便跟当时欧洲最优秀的数学家约翰·伯努利（Johann Bernoulli）学习数学。欧拉 15 岁在巴塞尔大学获学士学位，并于 1723 年取得了他的哲学硕士学位，学位论文的内容是笛卡儿哲学和牛顿哲学的比较研究。之后，欧拉遵从了他父亲的意愿进入了神学系，学习神学、希腊语和希伯来语（欧拉的父亲希望欧拉成为一名牧师），但最终约翰·伯努利说服欧拉的父亲允许欧拉学习数学，并使他相信欧拉注定能成为一位伟大的数学家。

1726 年，欧拉完成了他的博士学位论文，内容是研究声音的传播。1727 年，欧拉参加了法国科学院主办的有奖征文竞赛，当年的问题是找出船上桅杆的最优放置方法，结果他获得了二等奖。欧拉随后在他一生中一共 12 次赢得该奖项一等奖。1727 年，欧拉应圣彼得堡科学院的邀请到俄国。1731 年接替丹尼尔·伯努利成为物理教授。在俄国的 14 年中，他以旺盛的精力投入研究，他在分析学、数论和力学方面做了大量出色的工作。1741 年受普鲁士腓特烈大帝的邀请到柏林科学院工作，达 25 年之久。在柏林期间他的研究内容更加广泛，涉及行星运动、刚体运动、热力学、弹道学、人口学，这些工作和他的数学研究相互推动。欧拉这个时期在微分方程、曲面微分几何以及其他数学领域的研究都是开创性的。1766 年他又回到了圣彼得堡。

小时候的欧拉就特别喜欢数学，在数学的许多分支中都常常见到以他的名字命名的重要常数、公式和定理。不满 10 岁他就开始自学《代数学》，这本书连他的几位老师都没读过。可小欧拉却读得津津有味，遇到不懂的地方，就用笔做个记号，事后再向别人请教。1720 年，13 岁的欧拉靠自己的努力考入了巴塞尔大学，得到当时最有名的数学家约翰·伯努利（Johann Bernoulli，1667—1748 年）的精心指导。这在当时是个奇迹，曾轰动了数学界。小欧拉是这所大学，也是整个瑞士大学校园里年龄最小的学生。

6.1.6　索菲娅·柯瓦列夫斯卡娅

俄国数学家索菲娅·柯瓦列夫斯卡娅于 1850 年 1 月 15 日出身莫斯科的一个贵族家庭,8 岁随父迁居立陶宛,少年时好学上进,显示出数学天才。在她刚刚 10 岁的时候,她就学完了高等数学的课程。在她 14 岁时,她阅读了尼古拉·基尔托夫教授写的《物理学基础》,其中碰到了三角函数问题,她思索再三,

巧妙地用一根近似的线段来代替正弦,从而独立地推导出了书上所有的三角公式。基尔托夫教授后来知道了这件事,大为惊奇,称这个小姑娘是新的"帕斯卡"(帕斯卡是一位著名的科学家,从小就聪明好学,解决了很大的难题),并且建议她的父亲送她去学习高等数学。但是索菲娅的父亲并不主张她去继续学习。而且,在沙皇时代,妇女不允许进入大学学习,这使索菲娅意识到为女性争取受高等教育的平等权利的重要性。

1888 年,法兰西科学院举行第三次有奖国际征文,悬赏三千法郎,向全世界征集关于刚体绕固定点运动问题的论文。在此之前的几十年内,鉴于该问题的重要性,法兰西科学院曾以同样的奖金进行过两次征文。不少杰出的数学家曾尝试过解答,但都没有成功。两次征文的奖金,依然原封不动地搁置着。为此,法兰西科学院决定第三次征集论文,这使许多素有盛望的数学家跃跃欲试。可是到了评判那天,评委们全都大为震惊,他们发现有一篇文章在无数平凡之中鹤立鸡群。这是一篇闪烁着智慧光芒的佳作,每一个步骤、每一个结论,都充溢着高人一等的才华。鉴于它具有特别高的科学价值,评委们破例决定,把奖金从原来的三千法郎提高到五千法郎。

评判结束后,打开密封的名字一看,原来获奖的是一位俄罗斯女性,她就是数学王国的巾帼英雄,一位蜚声数坛的女数学家——索菲娅。

1888 年 12 月,法兰西科学院授予索菲娅波士顿奖,表彰她对于刚体运动的杰出贡献。1889 年,瑞典科学院也向索菲娅授予了奖。同年 11 月,慑服于这位女数学家的巨大功绩和以车比雪夫为首的一批数学家的坚决请求,俄国科学院终于放弃了"女人不能当院士"的旧规。

年已古稀的切比雪夫激动地给索菲娅发了如下电报:"在没有先例地修改了院章之后,我国科学院刚刚选举你做通讯院士。我非常高兴看到,我的最急切和正义的要求终于实现了。"她成了历史上第一位女科学院院士。

6.1.7　爱米丽·布瑞杜尔

　　爱米丽·布瑞杜尔又被称为夏特莱侯爵夫人,她是 18 世纪法国数学家和物理学家。她出身上流社会,父亲是国王路易十四的秘书。小的时候,爱米丽·布瑞杜尔长得不漂亮,父亲担心女儿嫁不出去,请了最好的老师施以教育。12 岁的时候,爱米丽·布瑞杜尔就已经精通拉丁文、意大利语、希腊语和德语,此外她也接受了数学、文学和科学全方位的教育。爱米丽·布瑞杜尔的母亲虽然在修道院长大,但很赞赏女儿巨大的科学好奇心,甚至同意女儿可以质疑长辈,这在充满禁忌和等级森严的当时,几乎是不可想象的。

　　然而与她巨大的科学成就对应的,是社会的歧视。法国上流社会的女性十分嫉妒爱米丽·布瑞杜尔赢得了伏尔泰的爱,她们常常把她描绘成一个丑陋、粗鲁的女人。在她生命的最后一年,也就是翻译《数学原理》的同年,她死于难产。在她饱受奚落与误解的一生中,爱米丽·布瑞杜尔依赖她的独立,敢于追求真理和幸福的巨大勇气赢得了科学界的理解和尊重。在伏尔泰的评价中,侯爵夫人是"一个伟大的人,她唯一的缺点就是不幸生为女人"。

6.1.8　玛丽亚·盖特纳·阿涅西

　　玛丽亚·盖特纳·阿涅西出身一个富裕的家庭,是意大利的女数学家兼哲学家,她被认为是近代史上能称得上数学家的第一位女性,曾任波伦亚科学院成员及波伦亚大学数学与自然哲学教授。

　　她是个神童,5 岁便懂法语和意大利语;13 岁能懂希腊语、希伯来语、西班牙语、德语和拉丁语等 7 国语言;9 岁在一个学术聚会上发表了题为"妇女受教育的权利"演说;15 岁,她父亲(Pietro,博洛尼亚大学的数学教授)在家中举行定期聚会,后来她负责整理这些哲学讨论,20 岁出版《哲学命题》;在 20 岁时从社交活动中"退休",专心从事数学研究。

1748年出版的数学作品《分析讲义》是一本超过千页、150万字的经典巨著，被世人称为"第一部完整的微积分教科书"。1748年写成微分学著作《适用于意大利青年学生的分析法规》，其中包含箕舌线。

> 【箕舌线】 给定一个圆和圆上的一点 O，对于圆上的任何其他点 A，作割线 OA。设 M 是 O 的对称点。OA 与 M 的切线相交于 N。过 N 且与 OM 平行的直线，与过 A 且与 OM 垂直的直线相交于 P。则 P 的轨迹就是箕舌线（箕舌线有一条渐近线，它是上述给定圆过 O 点的切线）。这个曲线也名为"阿涅西的女巫"的曲线，之所以以女巫称之，是时人将其意大利语著作翻译时误译之结果。

6.1.9 索菲·热尔曼

法国女数学家索菲·热尔曼出身于巴黎一个殷实的商人家庭。她出生时法国社会秩序正走向混乱，为了安全，青少年时代的热尔曼整天被父母留在家里学习。热尔曼的父母都是知识渊博的人，父亲教给了她良好的生活习惯和自学能力，这些为热尔曼从小打下了很好的基础。1804年，她读完高斯的《数学研究》后，又以拉白朗之名和高斯通信。1806年，高斯洞悉其身份，反而表示敬佩她的精神。

1808年,高斯的兴趣转到应用数学,他们之间的通信便终断了。1830年,在高斯的推荐下,哥廷根大学颁发了荣誉学位予热尔曼。可惜一年后她便因乳腺癌去世。

故事

索菲·热尔曼从小热爱数学,1794年,巴黎创办了一个享誉世界的大学——综合科技大学。这里云集了当时众多数学大师,如拉普拉斯、蒙日、拉格朗日等。这一年,热尔曼已经是一个18岁的大姑娘了,她对这个大学非常神往,于是向父母提出想到综合科技大学深造,父母都支持她这种想法。可是热尔曼在学校报名时却碰了壁,原因是尽管法国大革命已经爆发了5年,但法国对妇女的歧视仍然没有改变,科技大学只接受男性受教育者,或许他们认为只有男人才能从事数学工作。

难道女人就不能从事数学工作吗?世俗没有让这个坚强的女孩退却,反而坚定了她走自学成才的道路的决心,她发誓要改变世俗对女人的偏见。她比较了欧拉、高斯和拉格朗日的数学著作,她觉得拉格朗日的著作通俗易懂,最适合自学。拉格朗日的著作带给热尔曼无穷的乐趣,她萌生了写论文的冲动,她要把这些心得体会撰写成数学论文。

论文写出来了,该寄给谁呢?如果拉格朗日教授能够亲自审读这些文章该有多好啊!一个女孩子的文章能引起拉格朗日教授的注意吗?很可能教授没看就把它丢到垃圾桶里去了。思考良久,她决定以"布朗先生"的名义寄出这些论文。

拉格朗日不止一遍地看了"布朗先生"的来信和文章,赞不绝口。这位素未谋面但又才华横溢的后生引起了教授的极大兴趣,他的夫人建议他去见见这位"布朗先生",拉格朗日亲自登门拜访,见面后他发现"布朗先生"居然是一位羞答答的美貌女郎,拉格朗日非常惊讶于热尔曼的自学能力,认为她对数学的理解远远超过那些综合科技大学的男学生,他主动提出要做热尔曼的指导老师。

在拉格朗日的指导下，热尔曼进步更快了，通过不懈的努力，她在声学、弹性的数学理论和数论等方面都取得了出色的成果。1816年1月，热尔曼因提出的"弹性表面理论"的优秀论文第一次挑战了拉普拉斯学派而声名大噪，成了第一位凭自己的学术成绩获得"科学院金质奖章"的女性。她后来赢得了"数学花木兰"之称，成为法国历史上最有名的女数学家。

6.1.10 希帕蒂娅

希帕蒂娅出身亚历山大城的一个知识分子家庭。在她出生前，罗马统治者恺撒大帝指使军队纵火焚毁了停泊在亚历山大的埃及舰队，大火殃及了亚历山大图书馆，使得希腊文明的大量藏书和五十万份手稿付之一炬。基督教兴起以后，出于愚昧迷信和宗教狂热，基督教的领袖们排斥异教的学问，尤其鄙视数

学、天文和物理学，基督徒是不许"沾染希腊学术这个脏东西的"。325年，罗马皇帝君士坦丁大帝以用宗教为统治工具，逐渐把数学、哲学、教育等都置于宗教的控制之下。此后，基督徒摧毁希腊文化的行径变得有恃无恐、变本加厉，有人甚至说："数学家应该被野兽撕碎或者活埋。"

希帕蒂娅的父亲赛翁是当时有名的数学家和天文学家，在著名的亚历山大博物院教学和研究，那是一个专门传授和研讨高深学问的场所。一些有名的学者和数学家常到她家做客，在他们的影响下，希帕蒂娅对数学充满了兴趣和热情。她开始从父辈那里学习数学知识，他父亲也不遗余力地培养这个极有天赋的女儿。十岁左右，她已掌握了相当丰富的算术和几何知识。她应用相似三角形对应成比例的原理，首创了用一根杆子及其在太阳下的影子来测定金字塔塔高的方法。这一举动，备受父亲及其好友的赞赏，因而也就进一步增强了希帕蒂娅学习数学的兴趣，她开始阅读数学大家的专著。

十七岁时，她参加了全城芝诺悖论的辩论，一针见血地指出芝诺的错误。这次辩论，使希帕蒂娅不仅名声大振，几乎所有的亚里山大城人都知道她是一个非凡的女子，不仅容貌美丽，而且聪明好学。19岁时，她几乎读完了当时所有数学家的名著，包括欧几里得的《几何原本》、阿波罗尼斯的《圆锥曲线论》、阿基米德的《论球和圆柱》、丢番图的《算术》等。为了进一步扩大自己的知识领域，390年的一天，她乘商船去雅典求学。她在小普鲁塔克当院长的学院里进一步

学习数学、历史和哲学。她对数学的精通,尤其是对欧几里得几何的精辟见解,令雅典的学者钦佩不已,大家都把这位二十出头的姑娘当作了不起的数学家。一些英俊少年不由得对她产生爱慕之情,求婚者络绎不绝。但希帕蒂娅认为,她要干一番大事业,不想让爱情过早地进入自己的生活。因此,她拒绝了所有的求爱者。希帕蒂娅说:"我只嫁给一个人,他的名字叫真理。"此后,她又到意大利访问,结识了当地的一些学者,并与之探讨有关问题,大约395年回到家乡。这时的希帕蒂娅已经是一位相当成熟的数学家和哲学家了。

虽然这样一位为数学的传播和发展做出了卓越贡献的数学家一生短暂,但是希帕蒂娅在数学上的光辉成就,仍将鼓舞广大数学家向数学高峰不断挺进,将有越来越多的数学家涌现出来。

6.2 中国的数学家

6.2.1 祖冲之

我国杰出的数学家、科学家祖冲之生于宋文帝元嘉六年(429年),他对于自然科学和文学、哲学都有广泛的兴趣,特别是对天文、数学和机械制造,更有深入的研究。祖冲之对于学术的研究态度非常严谨,他虽然很注重古人的研究成果,却不完全相信古人的结论。用他的话来说就是绝不"虚推古人",而要"搜炼古今"。他在《驳议》中曾说过,在他早年研究数学期间,发现"立圆旧误,张衡述而弗改,汉时斛铭,刘歆诡谬其数"。

祖冲之博学多才,尤其对天文、数学有相当高的造诣。早在青年时期,他就有了博学多才的名声,并且被朝廷派到当时的一个学术研究机关——华林学省去做研究工作。后来他又担任过地方官职。461年,他任南徐州(今江苏镇江)刺史府里的从事。464年,宋朝政府调他到娄县(今江苏昆山市东北)作县令。祖冲之在这段期间,虽然生活很不安定,但是仍然继续坚持学术研究,并且取得了很大的成就。宋朝末年,祖冲之回到建康(今南京),担任谒者仆射的官职。从这时起,一直到齐朝初年,他花了较大的精力来研究机械制造,重造指南车,发明千里船、水碓磨等,做出了杰出的贡献。祖冲之晚年的时候,齐朝统治集团发生了内乱,政治腐败黑暗,人民生活非常痛苦。北朝的魏国乘机发兵向南进攻。

494—500 年间,江南一带又陷入战火。对于这种内忧外患、重重逼迫的政治局面,祖冲之非常关心。尽管当时社会十分动乱不安,但是祖冲之还是孜孜不倦地研究科学。他更大的成就是在数学方面。他曾经对古代数学著作《九章算术》作了注释,又编写一本《缀术》。他最杰出的贡献是求得相当精确的圆周率。经过长期的艰苦研究,他计算出圆周率在 3.1415926 和 3.1415927 之间,并提出 π 的约率 $\frac{22}{7}$ 和密率 $\frac{335}{113}$,这一密率值是世界上最早提出的,比欧洲早 1000 多年。他成为世界上最早把圆周率数值推算到七位数字以上的科学家。

6.2.2　刘徽

魏晋时期的刘徽(汉人)是中国古典数学理论的奠基人之一,也是 3 世纪世界上最杰出的数学家。他在 263 年撰写的著作《九章算术注》以及后来的《海岛算经》,是他杰出的代表作品,也是我国最宝贵的数学遗产,这两部著作也奠定了他在我国数学史上的不朽地位。刘徽的数学著作,留传后世的很少,所留均为久经辗转传抄之作,主要包括:《九章算术注》10 卷;《重差》1 卷,至唐代易名为《海岛算经》;《九章重差图》1 卷(其中《海岛算经》和《九章重差图》都在宋代失传)。

《九章算术》约成书于东汉之初,书中共有 246 个问题的解法,它在解联立方程、分数四则运算、正负数运算、几何图形的体积面积计算等问题的解答方面都属于世界先进之列。《海岛算经》一书中,刘徽精心选编了九个测量问题,这些题目的创造性、复杂性和代表性,都在当时为西方所瞩目。

由于解法比较原始,缺乏必要的证明,刘徽则对此均作了补充证明。在这些证明中,显示出了他在众多方面的创造性贡献。他也是世界上最早提出十进小数概念的人,并用十进小数来表示无理数的立方根。在代数方面,他正确地提出了正负数的概念及其加减运算的法则,改进了线性方程组的解法。在几何方面,提出了"割圆术",即将圆周用内接或外切正多边形穷竭的一种求圆面积和圆周长的方法。他利用割圆术科学地求出了圆周率 π=3.1416 的结果。此外,他还用割圆术,从直径为2尺的圆内接正六边形开始割圆,依次得正12边形、正24边形……割得越细,正多边形面积和圆面积之差越小,用他的原话说是"割之弥细,所失弥少,割之又割,以至于不可割,则与圆周合体而无所失矣"。他计算了3072边形的面积并验证了这个值。刘徽提出的计算圆周率的科学方法,奠定了此后千余年来中国圆周率计算在世界上的领先地位。

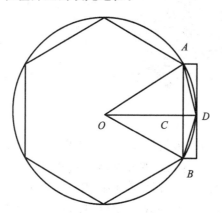

故事

　　刘徽所处的时代军阀割据,特别当时是魏、蜀、吴三国割据,这个时候中国的社会、政治、经济发生了极大的变化,特别是思想界,文人、学士互相进行辩难,所以当时辩难之风盛行,一帮文人、学士坐到一块,就像我们辩论会那样,一个正方一个反方,提出一个命题后大家互相辩论,在辩论的时候人们就要研究讨论关于辩论的技术、思维的规律,所以在这一时期人们的思想解放,应该说是在春秋战国之后没有过的,这时人们对思维规律研究特别深入,有人认为这时人们的抽象思维能力远远超过春秋战国。刘徽在《九章算术注》的自序中表明,把探究数学的根源,作为自己从事数学研究的最高任务。他撰写《九章算术注》的宗旨就是"析理以辞,解体用图"。"析理"就是当时学者们互相辩难的代名词。刘徽通过析数学之理,建立了中国传统数学的理论体系。众所周知,古希腊数学取得了非常高的成就,建立了严密的演绎体系。然而,刘徽的"割圆术"却在人类历史上首次将极限和无穷小分割引入数学证明,成为人类文明史中不朽的篇章。

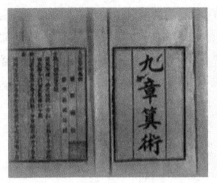
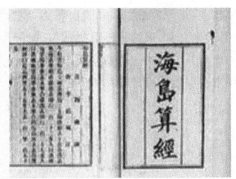

6.2.3 秦九韶

秦九韶,字道古,中国古代数学家,南宋嘉定元年(1208 年)生,约景定二年(1261 年)卒于梅州。秦九韶的父亲名叫秦季槱(字宏父),普州安岳(今四

川安岳)人,因此秦九韶亦为普州安岳人。秦季槱在南宋绍熙四年(1193 年)与陈亮(1143—1194 年,南宋哲学家)、程璐(1164—1242 年)一起参加科举考试,成为同榜进士,官至上部郎中、秘书少监。

秦九韶聪敏勤学。南宋绍定四年(1231年),秦九韶考中进士,先后担任县尉、通判、参议官、州守、同农、寺丞等职,1261 年左右被贬至梅州,不久死于任所。他在政务之余,对数学进行潜心钻研,并广泛搜集历学、数学、星象、音律、营造等资料,进行分析、研究。南宋淳祐四年至七年(1244—1247 年),他在为母亲守孝时,把长期积累的数学知识和研究所得加以编辑,写成了闻名的巨著《数书九章》,并创造了"大衍求一术"。这不仅在当时处于世界领先地位,在近代数学和现代电子计算设计中,也起到了重要作用,被称为"中国剩余定理"。他所论的"正负开方术",被称为"秦九韶程序"(世界各国从小学、中学到大学的数学课程,几乎都接触到他的定理、定律和解题原则)。秦九韶在数学上的主要成就是系统地总结和发展了高次方程数值解法和一次同余组解法,提出了相当完备的"正负开方术"和"大衍求一术",达到了当时世界数学的最高水平。

秦九韶潜心研究数学多年,在湖州守孝三年,写成了世界数学名著《数书九章》。全书九章十八卷,九章九类:"大衍类""天时类""田域类""测望类""赋役类""钱谷类""营建类""军旅类""市物类",每类 9 题(9 问)共计 81 题(81 问),

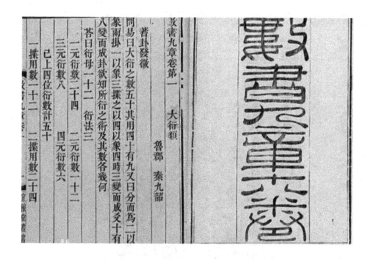

该书内容丰富至极，上至天文、星象、历律、测候，下至河道、水利、建筑、运输，各种几何图形、体积的计算和钱谷、赋役、市场、牙厘的计算和互易。许多计算方法和经验常数直到现在仍有很大的参考价值和实践意义，被誉为"算中宝典"。该书著述方式，大多由"问曰"（是从实际生活中提出问题）、"答曰"（给出答案）、"术曰"（阐述解题原理与步骤）、"草曰"（给出详细的解题过程）四部分组成。此书已经成为国内外科学史界公认的一部世界数学名著，此书不仅代表着当时我国数学的先进水平，也标志着中世纪世界数学的最高水平。我国数学史家梁宗巨评价道："秦九韶的《数书九章》（1247 年）是一部划时代的巨著，内容丰富，精湛绝伦。特别是大衍求一术及高次代数方程的数值解法，在世界数学史上占有崇高的地位。那时欧洲漫长的黑夜犹未结束，中国人的创造却像旭日一般在东方发出万丈光芒。"

在一千多年前的《孙子算经》中，有这样一道算术题："今有物不知其数，三三数之剩二，五五数之剩三，七七数之剩二，问物几何？"按照今天的话来说：一个数除以 3 余 2，除以 5 余 3，除以 7 余 2，求这个数。这样的问题，也有人称为"韩信点兵"。它形成了一类问题，也就是初等数论中解同余式。这类问题的有解条件和解的方法被称为"中国剩余定理"，这是由中国人首先提出的。

6.2.4　朱世杰

朱世杰，自号松庭，元代数学家。他是一位平民数学家和教育家。他长期从事数学研究和教育事业，周游各地二十多年。他到广陵（今扬州）时"踵门而学者云集"，除继承和发展了北方的数学成就之外，还吸收了北方的天元术，又吸收了南方的正负开方术、各种日用算法及通俗歌诀，当时他全面继承了前人数学成果（各种日用、商用数学和口诀、歌诀等），在此基础上进行了创造性的研究。

朱世杰在经过长期游学、讲学之后，全面继承了秦九韶、李冶、杨辉三人的数学成就和各种实用算法，而且创造性地予以发展，终于在 1299 年和 1303 年在扬州刊刻了他的两部数学著作——《算学启蒙》和《四元玉鉴》。把我国古代数学推向更高的境界，形成宋、元时期我国数学的最高峰。

《算学启蒙》是一本通俗的数学名著，它体系完整，内容深入浅出，通俗易懂，是一部著名的启蒙读物。书中明确提出正负数乘法法则，给出倒数的概念和基本性质，概括出若干新的乘法公式和根式运算法则，总结了若干乘除捷算口诀，并把设未知数的方法用于解线性方程组。本书从乘除及其捷算法到增乘开方法，一直讲到当时数学发展的最高成就"天元术"，全面介绍了当时数学所包含的各方面内容，后来，这部著作流传到了朝鲜、日本等国，产生过一定的影响。我国数学自晚唐以来，不断简化筹算的趋势，有了进一步的发展，日用数学和商用数学更加普及。南宋时杨辉的著作可以作为这一倾向的代表，而朱世杰所著的《算学启蒙》，则是这一倾向的继承和发展。

《四元玉鉴》更是一部成就辉煌的数学名著，也是我国数学著作中最重要的一部，还是中世纪最杰出的数学著作之一。《四元玉鉴》的主要内容是四元术，即多元高次方程组的建立和求解方法。秦九韶的高次方程数值解法和李冶的天元术都被包含在内。《四元玉鉴》共三卷，二十四门，二百八十八问，其中"招差术""剁积术"以及"四元术"标志着我国宋元数学的高峰，这本著作对四元术即多元高次方程组的解法、高阶等差级数求和及招差术（有限差分）都有重大的贡献。此外，这本著作也是我国古代水平最高的数学著作。

 故事

13世纪末，历经战乱的中国为元王朝所统一，遭到破坏的经济和文化又很快繁荣起来。蒙古统治者为了兴邦安国，开始尊重知识，选拔人才，把各门科学推向新的高峰。有一天，风景秀丽的扬州瘦西湖畔，来了一位教书先生，在寓所门前挂起一块招牌，上面用大字写着："燕山朱松庭先生，专门教授四元术"。不过几天，朱世杰门前门庭若市，求知者络绎不绝，就在朱世杰在接待受教育者报名之时，突然一声声叫骂声引起了他的注意。

只见一穿绸戴银的半老徐娘，追着一年轻的姑娘，边打边骂："你这贱女人，大把的银子你不抓，难道想做大家闺秀，只怕你投错了胎，下辈子也别想了。"那姑娘被打得皮开肉绽，连内身衣服都被撕坏了。姑娘蜷成一团，任凭她打，也不跟她回去。朱世杰路见不平，便上前询问，那半老徐娘见冒出一个爱管闲事之人，就嘲笑道："你难道想抱打不平，你送上50两银子，这姑娘就归你了！"朱世杰见此情景，大怒道："难道我掏不出50两银子。光天化日之下，竟胡作非为，难道没有王法不成？"那半老徐娘讽刺道："你这穷鬼，还谈什么王法，银子就是王法，你若能掏出50两银子，我便不打了。"

朱世杰愤怒至极，从口袋里抓出50两银子，摔在半老徐娘面前，拉起姑娘就回到自己的教书之地。原来，那半老徐娘是妓院的鸨母，而这姑娘的父亲因借鸨母的10两银子，由于天灾，还不起银子，只好卖女儿抵债。碰巧遇上朱世杰，才把姑娘救出苦海。后来，在朱世杰的精心教导下，这姑娘也颇懂些数学知识，成了朱世杰的得力助手，不几年，两人便结成夫妻。所以，扬州民间至今还流传着这样一句话："元朝朱汉卿，教书又育人。救人出苦海，婚姻大事成。"

6.2.5 苏步青

苏步青(原名苏尚龙)1902 年 9 月 23 日出生于浙江省平阳县带溪村。由于

家境贫寒,他从小就在地里劳动,放牛、割草、犁田,什么都干。他不能上学读书,只能看《水浒传》《聊斋志异》等一些名著。年幼的他求知欲极强,每当放牛回家路过村上私塾,他总要凑上去偷听一阵。村里一户有钱人请了家庭教师,教孩子读书。苏步青一有空,就到人家窗外听讲,还随手写写画画。想不到,那家的孩子学得没什么起色,苏步青却长了不少学问。父亲看到儿子如此好学,决定节衣缩食,在他 9 岁时才送他上学。他在读初中时,对数学并不感兴趣,觉得数学太简单,一学就懂。

然而,后来的一堂数学课影响了他一生。苏步青上初三时,他就读的浙江省六十中来了一位刚从东京留学归来的姓杨的数学老师。第一堂课杨老师没有讲数学,而是讲故事。他说:"当今世界,弱肉强食,世界列强依仗船坚炮利,都想蚕食瓜分中国。中华亡国灭种的危险迫在眉睫,振兴科学,发展实业,救亡图存,在此一举。天下兴亡,匹夫有责,在座的每一位同学都有责任。"他旁征博引,讲述了数学在现代科学技术发展中的巨大作用。这堂课的最后一句话是:"为了救亡图存,必须振兴科学。数学是科学的开路先锋,为了发展科学,必须学好数学。"苏步青一生不知听过多少堂课,但这一堂课使他终生难忘。1915 年,苏步青考进了温州市浙江省第十中学,苏步青在数学上崭露头角,引起了校长洪彦元的关注。这位极具慧眼的校长调走时,对苏步青说:"你毕业后可到日本学习,我一定帮助你。"在苏步青毕业时,洪校长果然寄来200 块银圆。苏步青把这件事视为一生事业的转折点。1919 年毕业后,17 岁的苏步青东渡日本,进了日本东京高等工业学校电机系学习,并于1924 年以第一名的成绩考进了日本东北帝国大学数学系。1928—1930 年期间,苏步青对仿射微分几何引进并发现了四次(三阶)代数锥面。他在射影曲线、曲面论、高维空间共轭网理论及 K 空间和一般度量空间几何等方面都取得了一系列的成就。为国争光的信念驱使苏步青较早地进入了数学的研究领域,在完成学业的同时,写了 30 多篇论文,在微分几何方面取得令人瞩目的成果,并于 1931 年获得理学博士学位。

在他人生的后 60 年里,他一直致力于中国数学的研究和教育事业,在微分几何学、计算几何学、仿射微分几何学和射影微分几何学等方面都取得了出色成果,在一般空间微分几何学、高维空间共轭网理论、几何外形设计、计算机辅助几何设计等方面也取得突出成就。

1902 年 9 月 23 日,那是一个普通的日子,苏步青出生,以"步青"命名,将来定可"平步青云,光宗耀祖"。名字毕竟不是"功名利禄"的天梯。正当同龄人纷纷背起书包上学的时候,苏步青的父亲交给儿子的却是一条牛鞭。从此,苏步青头戴一顶父亲编的大竹笠,身穿一套母亲手缝的粗布衣,赤脚骑上牛背,鞭子一挥,来到卧牛山下。苏步青家养的是头大水牛,膘壮力大,从不把又矮又小的牧牛娃放在眼里。有一次,水牛脾气一上来,又奔又跑,把苏步青摔在刚刚砍过竹的竹园里。真是老天庇佑,他跌在几根竹根中间,未有皮肉之苦,逃过一劫。放牛回家,苏步青走过村私塾门口,常被琅琅的书声所吸引。有一次,老师正大声念:"苏老泉,二十七,始发愤,读书籍。"他听后,就跟着念了几遍。此后,他竟记住了这句顺口溜,放牛时当山歌唱。苏父常听儿子背《三字经》《百家姓》,心存疑惑。有一次,正好看见儿子在私塾门口"偷听",苏父的心终于动了,夫妻一合计,决定勒紧裤带,把苏步青送进了私塾。

6.2.6 陈省身

陈省身(1911 年 10 月 28 日—2004 年 12 月 3 日),生于浙江嘉兴秀水县,汉族,美籍华人,国际数学大师、著名教育家、中国科学院外籍院士,"走进美妙的数学花园"创始人,20 世纪世界级的几何学家。少年时代即显露数学才华,在其学生生涯中,几经抉择,努力攀登,终成辉煌。他在整体微分几何上的卓越贡献,影响了整个数学的发展,被杨振宁誉为继欧几里得、高斯、黎曼、嘉当之后又一里程碑式的人物。曾先后主持、创办了三大数学研究所,造就了一批世界知名的数学家。晚年情系故园,每年回天津南开大学数学研究所主持工作,培育新人,只为实现心中的一个梦想:使中国成为 21 世纪的数学大国。

1934年夏,他毕业于清华大学研究院,获硕士学位,成为中国自己培养的第一名数学研究生。同年,获得中华文化教育基金会奖学金(一说受清华大学资助),赴布拉希克所在的汉堡大学数学系留学。1935年10月完成博士论文《关于网的计算》和《$2n$维空间中n维流形三重网的不变理论》,在汉堡大学数学讨论会论文集上发表。1936年2月获科学博士学位;毕业时奖学金还有剩余,同年夏得到中华文化基金会资助,于是又转去法国巴黎跟从E.嘉当(E. Cartan)研究微分几何。1936—1937年间,在法国几何学大师E.嘉当那里从事研究。E.嘉当每两个星期约陈省身去他家里谈一次,每次一小时。老师面对面的指导,使陈省身学到了老师的数学语言及思维方式,终身受益。陈省身数十年后回忆这段紧张而愉快的时光时说:"年轻人做学问应该去找这方面最好的人。"

陈省身是20世纪重要的微分几何学家,被誉为"微分几何之父"。早在40年代,陈省身结合微分几何与拓扑学的方法,完成了两项划时代的重要工作:高斯-博内-陈定理和Hermitian流形的示性类理论,为大范围微分几何提供了不可缺少的工具。这些概念和工具,已远远超过微分几何与拓扑学的范围,成为整个现代数学中的重要组成部分。

陈省身9岁考入秀州中学预科一年级。这时他已能做相当复杂的数学题,并且读完了《封神榜》《说岳全传》等书。1922年秋,父亲到天津法院任职,陈省身全家迁往天津,住在河北三马路宙纬路。第二年,他进入离家较近的扶轮中学。陈省身在班上年纪虽小,却充分显露出他在数学方面的才华。陈省身考入南开大学理科那一年还不满15岁。他是全校闻名的少年才子,同学遇到问题都要向他请教,他也非常乐于帮助别人。一年级时有国文课,老师出题做作文,陈省身写得很快,一个题目往往能写出好几篇内容不同的文章。

他不爱运动,喜欢打桥牌,且牌技极佳。图书馆是陈省身最爱去的地方,常常在书库里一待就是好几个小时。他看书的门类很杂,历史、文学、自然科学方面的书,他都一一涉猎,无所不读。入学时,陈省身和他父亲都认为物理比较切实,所以打算到二年级分系时选物理系。但由于陈省身不喜欢做实验,既不想读化学,也不想进物理系,只有一条路——进数学系。

数学系主任姜立夫,对陈省身的影响很大。数学系 1926 级学生只有 5 名,陈省身和吴大任是全班最优秀的。吴大任是广东人,毕业于南开中学,被保送到南开大学。他原先进物理系,后来因为姜立夫转到了数学系,和陈省身非常要好,成为终生知己。姜立夫为拥有两名如此出色的弟子而高兴,开了许多门在当时看来是很高深的课,如线性代数、微分几何、非欧几何等。二年级时,姜立夫让陈省身给自己当助手,任务是帮老师改卷子。起初只改一年级的,后来连二年级的都让他改,另一位数学教授的卷子也交他改,每月报酬 10 元。第一次拿到钱时,陈省身不无得意,这是他第一次的劳动报酬啊!

6.2.7 华罗庚

华罗庚(1910 年 11 月 12 日—1985 年 6 月 12 日),汉族,出生于江苏金坛,祖籍江苏省丹阳。世界著名数学家,中国科学院院士,美国国家科学院外籍院士,第三世界科学院院士,联邦德国巴伐利亚科学院院士,中国第一至六届全国人大常委会委员。

华罗庚的名字由来:华罗庚出生时,他的父母亲为了给儿子祝福,一生下来就用两个箩筐扣住了他,华罗庚因此得名。

主要成就:他是中国解析数论、矩阵几何学、典型群、自安函数论、优选法、统筹法等多方面研究的创始人和开拓者,也是中国在世界上最有影响的数学家之一,被列为芝加哥科学技术博物馆中当今世界 88 位数学伟人之一。

 故事

◎ 华罗庚出生在江苏省的金坛市,当年大人、小孩最喜欢去的地方便是灯节和庙会这样的场所,在这些热闹的场所都少不了华罗庚的身影。

在金坛市的城东有座青龙山,山上有座庙,每逢灯节和庙会,庙里的"菩萨"都会头插羽毛,打扮得花枝招展,骑着高头大马进城来。一路上人们见到"菩

萨"，都跪地叩头行礼，祈求幸福和平安。这时候，华罗庚却站在那伸长脖子，望着双手合十的"菩萨"心里暗自琢磨："菩萨"真是万能的吗？

庙会结束，人们渐渐散去，而华罗庚却悄悄跟着"菩萨"去了青龙山的庙里，"菩萨"卸了妆，华罗庚一看，"菩萨"是人扮演的。他转身跑回了家，进门就大声地喊："妈妈，妈妈，你以后见到'菩萨'不要再给她叩头行礼了，'菩萨'是骗人的。"这时，爸爸听到了，厉声呵斥道："罪过，罪过，小孩子你懂什么！"华罗庚却很严肃地反驳道："我去了青龙山的庙里，看到'菩萨'是人扮演的，是假的。"

这个故事说明，华罗庚特别爱动脑筋，善于思考，不迷信，探求真相，对于一些别人看来司空见惯的事，往往也表现出浓厚的兴趣，提出一些稀奇的问题。

◎ 华罗庚初中的语文老师，对胡适这位大学者崇拜有加，收藏了很多胡适的作品。一次，他的语文老师把这些作品分发给他的学生，让学生读后写读后感。当时华罗庚分到的就是《尝试集》，在华罗庚的读后感中没有写出他老师所期盼的对胡适的赞美之词，华罗庚尖锐地指出：胡适的"序诗"中概念混乱，不值卒读，他指出：第一句中的"尝试"与第四句中的"尝试"是两个完全不同的概念，第一句中的"尝试"是指初次尝试就成功的一次尝试，当然一试便成功是比较罕见的。第四句中的"尝试"则是指经过多次尝试或失败之后的一次成功尝试，所以它们具有不同的含义，单独来看这两个"尝试"都是有道理的，但作者将二者放在一起，则是拿自己的概念随意否定别人的概念，真是岂有此理！他说："胡适序诗逻辑混乱，不值卒读。"

6.2.8　陈景润

陈景润(1933年5月22日—1996年3月19日)，汉族，籍贯福建省福州市。中国著名数学家，厦门大学数学系毕业。1966年发表《表达偶数为一个素数及一个不超过两个素数的乘积之和》(简称"1＋2")，成为哥德巴赫猜想研究上的里程碑。而他所发表的成果也被称为陈氏定理。这项工作还使他与王元、潘承洞在1978年共同获得中国自然科学奖一等奖。

陈景润的成功，曾是一个举世震惊的奇迹：一位屈居于6平方米小屋的数学家，借一盏昏暗的煤油灯，伏在床板上，用一支笔，耗去了6麻袋的草稿纸，攻克了世界著名数学难题"哥德巴赫猜想"中的"1＋2"，创造了距摘取这颗数论皇冠上的明珠"1＋1"只有一步之遥的辉煌，至今其理论仍然在世界上遥遥领先。他被称为哥德巴赫猜想第一人。

1953—1954年，陈景润在北京四中任教，因口齿不清，被学校拒绝上讲台授课，只可批改作业。后被"停职回乡养病"，调回厦门大学任资料员，同时研究数论，对组合数学与现代经济管理、科学实验、尖端技术、人类生活的密切关系等问题也作了研究。

1956年,厦门大学李文清请数学所关肇直转交华罗庚一份稿件。华罗庚接到了这个和自己相似的、饱经苦难、历经沧桑的青年的来稿,看后十分惊喜地称赞这个青年肯动脑筋,思考问题深刻。这个青年人就是后来和华罗庚一样家喻户晓的陈景润。

陈景润考入福州英华书院念高中。有一次,数学老师沈元出了一道有趣的古典数学题:"韩信点兵"。大家都闷头算起来,陈景润很快小声回答:"53人。"全班为他算的速度之快惊呆了,沈老师望着这个平素不爱说话、衣衫褴褛的学生,问他是怎么得出来的。陈景润的脸羞红了,说不出话,最后是用笔在黑板上写出了方法。

他的数学老师又介绍了中国古代祖冲之对圆周率的研究成果早于西欧1000年,南宋秦九韶对"联合一次方程式"的解法,也比瑞士数学家欧拉的解法早500多年。沈老师接着鼓励说:"我们不能停步,希望你们将来能创造出更大的奇迹。比如有个'哥德巴赫猜想',是数论中至今未解的难题,人们把它比作皇冠上的明珠,你们要把它摘下来!"课后,沈老师问陈景润有什么想法,陈景润说:"我能行吗?"沈老师说:"你既然能自己解出'韩信点兵',将来就能摘取那颗明珠。天下无难事,只怕有心人啊!"那一夜,陈景润失眠了,他立誓:长大无论成败如何,都要不惜一切地去努力。

6.2.9　钱学森

钱学森(1911年12月11日—2009年10月31日),汉族,吴越王钱镠第33世孙,生于上海,祖籍浙江省杭州市临安。著名科学家,空气动力学家,中国载人航天奠基人,中国科学院及中国工程院院士,中国两弹一星功勋奖章获得者,被誉为"中国航天之父""中国导弹之父""中国自动化控制之父"和"火箭之王"。由于钱学森回国效力,中国导弹、原子弹的发射向前推进了至少20年。以下为20世纪60年代以来我国航天技术发展的过程。

1960 年我国成功发射第一颗自主研制的导弹。

1964 年我国成功研制了第一颗原子弹,爆炸当量 2 万吨级。

1967 年成功研制第一颗氢弹,爆炸当量为百万吨级。

1970 年,我国成功发射"东方红一号"人造地球卫星。

"两弹一星"留给我们的思考：

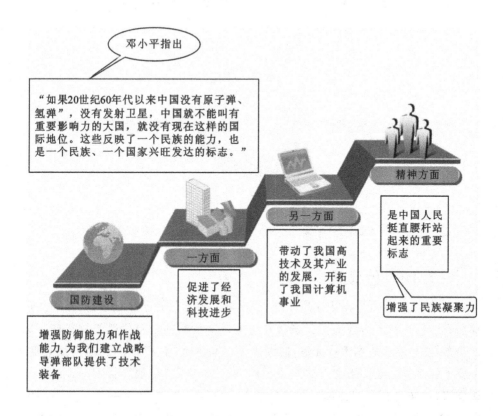

邓小平指出

"如果20世纪60年代以来中国没有原子弹、氢弹"，没有发射卫星，中国就不能叫有重要影响力的大国，就没有现在这样的国际地位。这些反映了一个民族的能力，也是一个民族、一个国家兴旺发达的标志。"

一方面

促进了经济发展和科技进步

另一方面

带动了我国高技术及其产业的发展，开拓了我国计算机事业

精神方面

是中国人民挺直腰杆站起来的重要标志

增强了民族凝聚力

国防建设

增强防御能力和作战能力，为我们建立战略导弹部队提供了技术装备

钱学森是数学博士，在美国留学时任美国麻省理工学院教授，而且是当时大学最年轻的教授。当中华人民共和国成立后，钱学森想回国参加祖国建设时，却遇到重重阻力。美国海军次长丹尼·金布尔(Dan Kimbeel)声称：钱学森无论走到哪里，都抵得上 5 个师的兵力。我宁可把他击毙，也不能让他回到中国。当时我们国家领导人毛泽东和周恩来得知钱学森想回国这一意愿，周恩来总理在与美国外交谈判时，不惜释放 11 名在朝鲜战争中俘获的美军飞行员作为交换条件换钱学森回国，钱学森拒绝了美国提供的先进设备，放弃了优厚的待遇，几经周转回到了祖国，参加祖国建设。他是一位伟大的爱国者。

从钱学森身上学到的人文精神：

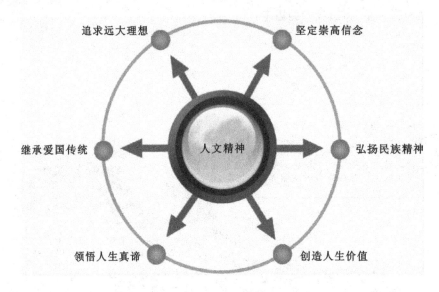

6.2.10　丘成桐

丘成桐于 1949 年出生于广东汕头,原籍广东省蕉岭县文福镇,同年随父母移居香港后全家定居香港。父亲曾在香港中文大学的前身崇基学院任教。父教母慈,童年的丘成桐无忧无虑,成绩优异。但在他 14 岁那年,父亲突然辞世,一家人顿时失去经济来源。父亲去世后,由于家境贫寒,他不得不一边打工一边学习,1966 年以优异成绩考入香港中文大学数学系,1969 年提前修完四年课程,为美国伯克利加州大学陈省身教授所器重,破格录取为研究生。在陈省身指导下,1971 年获博士学位。之后在斯托尼布鲁克的纽约州立大学、斯坦福大学等校任教。1976 年,丘成桐被提升为斯坦福大学数学教授,并为普林斯顿高

级研究所终身教授,当时就职于圣地亚哥加州大学。

1981 年,32 岁的他,获得了美国数学会的维布伦奖——这是世界微分几何界的最高奖项之一;1983 年,由于在微分方程、代数几何中的卡拉比(Calabi)猜想,广义相对论中的正质量猜想以及实数和复数的蒙日(Mon Ge)-安培(Ampere)方程等领域里所做出的杰出贡献,他被授予菲尔兹奖章——这是世界数学界的最高荣誉;1994 年,他又荣获了克拉福德奖;2001 年,他又荣获了

沃尔夫奖,他是第一位获得这项被称为"数学界的诺贝尔奖"(由于诺贝尔奖中没有数学奖)的华人,也是继陈省身后第二位获得沃尔夫数学奖的华人。1993年被选为美国科学院院士,1994年成为中国科学院外籍院士。

　　丘成桐对中国的数学事业一直非常关心。为了帮助发展中国数学,丘成桐想尽了各种办法。他培养来自中国的留学生,建立数学研究所与研究中心(丘成桐建立的第一个数学研究所是1993年成立的香港中文大学数学研究所。第二个是1996年建立的北京晨兴数学中心。该中心建立与运作的大部分经费都是丘成桐从香港晨兴基金会筹得的。第三个是建立于2002年的浙江大学数学科学中心),组织各种层次的会议,发起各种人才培养计划,并募集大量资金。

　　为了增进华人数学家的交流与合作。丘成桐发起组织国际华人数学家大会。会议每三年一届(第一届大会于1998年12月12—18日在北京晨兴数学中心召开。来自世界各地的华人数学家反响与支持非常热烈,有400多人参会。这是第一次在中国举行的重要的数学国际会议。第二届大会于2001年在台湾召开,第三届大会于2004年在香港举行,第四届大会于2007年在浙江大学举行,第五届大会于2010年在清华大学举行。从第四届大会开始正式设立面向大学生、硕士与博士生的新世界数学奖)。除了邀请报告外,还邀请几位非华裔数学家作晨兴讲座。每次大会的焦点是颁发晨兴数学奖、陈省身奖。

　　为了激发学生对数学研究的兴趣和创造力,培养和发现年轻的数学天才,2004年,丘成桐首先在香港成立了面向香港学生的两年一届的"恒隆数学奖"。从1984年起,他先后招收了十几名来自中国内地的博士研究生,为中国培养了众多微分几何方面的人才。他的做法是,不仅仅要教给学生一些特殊的技巧,更重要的是教会他们如何领会数学的精辟之处。他的学生田刚,也于1996年获得了维布伦奖,被公认为世界最杰出的微分几何学家之一。

我们看到：推动人类进步车轮滚滚向前的正是——科学家

他们没有政治家有权

他们不及演戏的有名

他们没有资本家有钱

他们没有普通人的休闲

他们没有农场主有地

他们没有神鬼的信徒

然而，将一切浮华、虚荣、享乐……的帐幔拉开，稍等迷眼的幕烟散去